U0251940

装配式建筑技术
ZHUANGPEISHI JIANZHU JISHU

与绿色建筑设计研究
YU LÜSE JIANZHU SHEJI YANJIU

李建国　吴晓明　吴海涛　著

四川大学出版社

特约编辑:陈　怡
责任编辑:梁　平
责任校对:张　斌
封面设计:王国会
责任印制:王　炜

图书在版编目(CIP)数据

装配式建筑技术与绿色建筑设计研究 / 李建国，吴
晓明，吴海涛著. —成都：四川大学出版社，2018.6
ISBN 978－7－5690－2002－1

Ⅰ.①装…　Ⅱ.①李…　②吴…　③吴…　Ⅲ.①装配式
混凝土结构－建筑工程－工程施工②生态建筑－建筑设计
Ⅳ.①TU37②TU201.5

中国版本图书馆 CIP 数据核字（2018）第 143421 号

书　名	装配式建筑技术与绿色建筑设计研究	
著　　者	李建国　吴晓明　吴海涛	
出　　版	四川大学出版社	
地　　址	成都市一环路南一段 24 号（610065）	
发　　行	四川大学出版社	
书　　号	ISBN 978－7－5690－2002－1	
印　　刷	四川永先数码印刷有限公司	
成品尺寸	170 mm×240 mm	
印　　张	11.5	
字　　数	220 千字	
版　　次	2019 年 1 月第 1 版	
印　　次	2021 年 7 月第 4 次印刷	
定　　价	52.00 元	

◆ 读者邮购本书,请与本社发行科联系。
　电话:(028)85408408/(028)85401670/
　(028)85408023　邮政编码:610065
◆ 本社图书如有印装质量问题,请
　寄回出版社调换。
◆ 网址:http://press.scu.edu.cn

前　　言

人与建筑环境和谐共处是建筑永恒的发展主题。绿色建筑，通俗来讲就是在满足人们使用要求的前提下，最大限度地节约资源（如节约能源、节约用地、节约用水、节约建材等）、保护环境及减少污染，使人与自然和谐共存。近年来，我国中央政府及省市地方政府陆续出台了关于绿色建筑的发展政策体系，"建筑节能—绿色建筑—绿色住区—绿色生态城区"的空间规模化聚落正在逐步形成。

装配式建筑是指用工厂生产的预制构件在现场装配而成的建筑。这类建筑的优点是建筑速度快，受气候条件的制约小，既可节约劳动力又可提高建筑质量，通俗来说，就是像造汽车一样来造房子。国务院于2016年发布了《关于大力发展装配式建筑的指导意见》，以此大力推动国家装配式建筑的发展。

当前，我国住宅产业主要朝着装配式住宅建设技术的方向发展，并且将其和绿色建筑的发展理念相结合，也就是在保证建筑的使用寿命、实用性的基础之上，尽可能地做到节能减排，即节约能源、土地、材料等，尽量减少污染排放，给人们创造安全健康、实用美观的住宅环境。在住宅建设中，特别是在保障性住宅建设中一定要将绿色建筑的原则融入设计中，努力实现住宅建设的标准化和装配化。本书旨在深入探讨装配式建筑技术及绿色建筑技术，以期为我国住宅产业的发展贡献绵薄之力。

全书共分为九章。第一章介绍了装配式混凝土建筑技术体系。第二章介绍了装配式建筑设计过程中的质量要点。第三章介绍了装配式建筑常用的材料，如混凝土、钢筋和钢材等。第四章介绍了装配式建筑基础的类型与施工。第五章论述了装配式混凝土结构施工的关键技术，包括构件的安装及连接技术等。第六章阐述了装配式建筑的施工管理。第七章介绍了绿色建筑景观设计的概念。第八章详细论述了绿色建筑的设计要素。第九章介绍了绿色建筑规划的技术设计，包括场地的选择及设计，光、声、水、风等环境设计，道路系统设计，绿化环境设计。

本书在撰写过程中参考和借鉴了诸多专家、学者的前沿研究成果与文献资料，在此向相关作者表示诚挚谢意。由于自身水平有限，书中错漏之处在所难免，恳请广大读者批评指正。

著　者

2018 年 3 月

目　　录

第一章 装配式混凝土建筑技术体系

目前的装配式混凝土技术体系从结构形式方面主要可以分为剪力墙结构、框架结构、框架-剪力墙结构、框架-核心筒结构等。目前应用最多的是剪力墙结构体系,其次是框架结构、框架-剪力墙结构体系。

第一节 发展历史及借鉴

装配式建筑技术是近年来国家提倡绿色建筑新理念下催生的一种新型建筑模式,建筑按建造结构分为木结构、钢结构和装配式混凝土结构三种类型,住宅中较多采用装配式混凝土建筑,简称 PC(Precast Concrete)建筑。装配式建筑采用工业化的方式生产建筑,其主要构件、部品等在工厂进行生产加工,通过运输工具运送到工地现场,并在工地现场拼装建造成完整的建筑,形象的说法就是"像造汽车一样建房子"。装配式建筑可实现住宅建设的高效率、高品质、低资源消耗和低环境影响,具有显著的经济效益和社会效益,是当前住宅建设的发展趋势。

世界各国对工业化建筑的发展方向各有侧重,发展状况也各不相同。法国是世界上推行建筑工业化最早的国家之一。1891 年,巴黎 Ed. Coigcnl 公司首次在 BmmU 的俱乐部建筑中使用装配式混凝梁;第二次世界大战结束后,装配式混凝土结构首先在西欧发展起来,然后被推广到美国、加拿大、日本等国。发达国家住宅生产的工业化,早期均采用专用体系,虽然加快了住宅的建设速度,提高了劳动生产率,但也暴露出了工业化住宅缺乏个性的缺点。为此,在专用体系的基础上,各国又先后积极推行了通用体系,即以部件为中心组织专业化、社会化大生产。

美国重视研究住宅的标准化、系列化、菜单式预制装配,美国住宅建筑市场发育完善,除工厂生产的活动房屋(mobile home)和成套供应的木框架结构的预制构配件外,其他混凝土构件与制品、轻质板材、室内外装修以及设备等产品也十分丰富。近年来,厨房、卫生间、空调和电器等设备逐渐趋向组件化,以提高工效、降低造价,便于非技术工人安装。

日本的住宅工业化始于 20 世纪 60 年代初期,通过十余年的探索,日本的住宅产业走向成熟,产生了盒子住宅、单元住宅大型壁板式住宅等工业化住宅形式,截至 20 世纪 90 年代,日本采用工业化方式生产的住宅已占竣工住宅总数的 25% ~ 28%,并通过产业化方式形成住宅通用部品,其中 1418 类部件已取得"优良住宅部品认证"。

日本住宅工业化的发展在很大程度上得益于住宅产业集团的发展。住宅产业集团(Housing Industrial Group,HIG)是应住宅工业化发展需要而产生出的新型住宅企业组织形式,是以专门生产住宅为最终产品,集住宅投资、产品研究开发、设计、配构件部品制造、施工和售后服务于一体的住宅生产企业,是一种智力、技术、资金密集型、能够承担全部住宅生产任务的大型企业集团。

我国预制混凝土构件行业已有 60 多年的历史。早在 20 世纪 50 年代,为了配合新中国成立初期大规模建造工业厂房的需求,由中国建筑标准设计研究院负责出版的单层工业厂房的标准图集,就是一整套全装配混凝土排架结构的系列图集。它是由预制变截面柱、大跨度预制工字型截面屋面梁、预制屋顶桁架、大型预制屋面板以及预制吊车梁等一系列配套预制构件组成的一套完整体系。此套图集沿用至今,指导建成厂房面积达 6 亿 m^2 之多,为我国的工业建设作出了巨大的贡献。

随后,我国逐步进入建设的高峰时期。20 世纪 50 年代末至 60 年代中期,装配式混凝土建筑出现了第一次发展高潮。1959 年引入的苏联拉古钦科薄壁深梁式装配式混凝土大板建筑,以 3 ~ 5 层的多层居住建筑为主,建成面积约 90 万 m^2,其中北京约 50 万 m^2。

20 世纪 70 年代末至 80 年代末,我国进入住宅建设的高峰期,装配式混凝土建筑迎来了它的第二个发展高潮,并进入迅速发展阶段。此阶段的装配式混凝土建筑,以全装配大板居住建筑为代表,包括钢筋混凝土大板、少筋混凝土大板、振动砖墙板、粉煤灰大板、内板外砖等多种形式。总建造面积约 700 万 m^2,其中北京约 386 万 m^2。此时的大板建筑开始向高层发展,最高建筑是北京八里庄的 18 层大板住宅试点项目。

这一时期的装配式大板建筑主要借鉴了苏联和东欧的技术,由于技术体系、设计思路、材料工艺及施工质量等多方面原因导致了许多问题,主要表现在如下方面:

（1）20世纪80年代末期，中国进入市场经济阶段，大批农民工开始涌入城市，他们作为廉价的劳动力步入建筑业，随着商品混凝土的兴起，原有的预制构件缺少性价比的优势。

（2）原有的装配式大板建筑由于强调全预制，结构的整体性能主要是依靠剪力墙体的对正贯通、规则布置来实现的，使得建筑功能欠佳，体型、立面和户型均单一。在市场化的新形势下，原有的住宅建筑定型产品不能满足建筑师和居民对住宅多样化的要求。

（3）受当时的技术、材料、工艺和设备等条件的限制，已建成的装配式大板建筑的防水、保温隔热、隔声等物理性能方面的问题开始显现，渗、漏、裂、冷等问题引起了居民的不满。

此后，中国的装配式结构开始迅速滑坡，到20世纪90年代初，现浇结构由于其成本较低、无接缝漏水问题、建筑平立面布置灵活等优势迅速取代了装配式混凝土建筑，预制构件行业面临市场疲软、产品滞销，构件厂纷纷倒闭。有关装配式混凝土建筑的研究及应用在我国建筑领域基本消亡。虽然在1991年，原《装配式大板居住建筑结构设计和施工暂行规定》（JGJ 1—79）经过大量的基础理论和试验研究工作历时10年完成了修编，更名为《装配式大板居住建筑设计和施工规程》（JGJ 1—91）（以下简称JGJ 1—91），自1991年10月1日开始实施，但从发布之日起，该规程基本无人问津。

自20世纪末开始，尤其是近十年，由于劳动力数量的下降和成本的提高，以及建筑业"四节一环保"的可持续发展要求，装配式混凝土建筑作为建筑产业现代化的主要形式，又开始迅速发展。同时，设计水平、材料研发、施工技术的进步也为建筑式混凝土结构的发展提供了有利条件。在市场和政府的双重推动下，装配式混凝土建筑的研究和工程实践成为建筑业发展的新热点。为了避免重蹈20世纪八九十年代的覆辙，国内众多企业、大专院校、研究院所开展了比较广泛的研究和工程实践。在引入欧美、日本等发达国家的现代化技术体系的基础上，完成了大量的理论研究、结构试验研究、生产装备研究、施工装备和工艺研究，初步开发了一系列适用于我国国情的建筑结构技术体系。为了配合和推广装配式混凝土建筑应用，国家和许多省市发布了相应的技术标准和鼓励政策。

与国外相比，我国装配式混凝土建筑的发展主要有以下特点：

（1）由于住宅建设尤其是保障性住房建设的大量需求，装配式混凝土建筑以剪力墙结构体系为主。近些年来，装配式剪力墙结构体系发展迅速，其应用量不断攀升，涌现出不同特点的装配式剪力墙结构技术，如套筒灌浆连接技术（如图1-1

所示)、浆锚搭接连接技术(如图1-2、图1-3所示)、预制外挂墙板、叠合剪力墙(如图1-4所示)等。这些结构在北京、上海、天津、哈尔滨、沈阳、唐山、合肥、南通、深圳等诸多大城市中均有较大规模的应用。

图1-1　套筒灌浆连接

图1-2　钢筋浆锚搭接连接

图 1-3　波纹管浆锚搭接连接

图 1-4　叠合板

（2）由于装配式剪力墙结构在国外很少被应用到高层建筑,因此,我国的装配式剪力墙结构是通过借鉴装配式大板建筑和国外引进的一些钢筋连接、节点构造技术而自主研发的结构体系。

第二节　主要技术体系

从结构形式角度,装配式混凝土建筑主要有剪力墙结构、框架结构、框架-剪力墙结构、框架-核心筒结构等结构体系。

按照结构中预制混凝土的应用部位,装配式混凝土建筑可分为以下三种:

(1)竖向承重构件,采用现浇结构,外围护墙、内隔墙、楼板、楼梯等采用预制构件;

(2)部分竖向承重结构构件以及外围护墙、内隔墙、楼板、楼梯等采用预制构件;

(3)全部竖向承重结构、水平构件和非结构构件均采用预制构件。

以上三种装配式混凝土建筑结构的预制率由低到高,施工安装的难度也逐渐增加,是循序渐进的发展过程。目前三种方式均有应用。其中,第一种从结构设计、受力和施工的角度,与现浇结构更接近。

按照结构中主要预制承重构件连接方式的整体性能,装配式混凝土建筑可区分为装配整体式混凝土结构和全装配式混凝土结构。前者以钢筋和后浇混凝土为主要连接方式,性能等同或者接近于现浇结构,参照现浇结构进行设计;后者预制构件间可采用干式连接方法,安装简单方便,但设计方法与通常的现浇混凝土结构有较大区别,研究工作尚不充分。

一、装配式剪力墙结构技术体系

典型项目:全国有大批高层住宅项目,位于北京、上海、深圳、合肥、沈阳、哈尔滨、济南、长沙、南通等城市。

按照主要受力构件的预制及连接方式,国内的装配式剪力墙结构可以分为:装配整体式剪力墙结构、叠合剪力墙结构、多层剪力墙结构。装配整体式剪力墙结构应用较多,适用的建筑高度大;叠合板剪力墙目前主要应用于多层建筑或者低烈度区高层建筑中;多层剪力墙结构目前应用较少,但基于其高效、简便的特点,在新型城镇化的推进过程中前景广阔。

此外,还有一种应用较多的剪力墙结构工业化建筑形式,即结构主体采用现浇剪力墙结构,外墙、楼梯、楼板、隔墙等采用预制构件。这种方式在我国南方部分省市应用较多,结构设计方法与现浇结构基本相同,装配率、工业化程度较低。

(一)装配整体式剪力墙结构体系

在装配整体式剪力墙结构中,全部或者部分剪力墙(一般多为外墙)采用预制构件,在构件之间拼缝采用湿式连接,结构性能和现浇结构基本一致,主要按照现浇结构的设计方法进行设计。结构一般采用预制叠合板,预制楼梯,各层楼面和屋面设置水平现浇带或者圈梁。预制墙中竖向接缝对剪力墙刚度有一定影响,为了安全起见,结构整体适用高度有所降低。在 8 度及以下抗震设防烈度地区,对比同级别抗震设防烈度的现浇剪力墙结构,最大适用高度通常降低 10m,当预制剪力墙底部承担总剪力超过 80% 时,建筑适用高度降低 20m。

目前,国内的装配整体式剪力墙结构体系中,关键技术在剪力墙构件之间的接缝连接形式。预制墙体竖向接缝基本采用后浇混凝土区段连接,墙板水平钢筋在后浇段内锚固或者搭接。预制剪力墙水平接缝处与竖向钢筋的连接可划分为以下几种:

(1)竖向钢筋采用套筒灌浆连接,拼缝采用灌浆料填实。

(2)竖向钢筋采用螺旋箍筋约束浆锚搭接连接,拼缝采用灌浆料填实。

(3)竖向钢筋采用金属波纹管浆锚搭接连接,拼缝采用灌浆料填实。

(4)竖向钢筋采用套筒灌浆连接,结合预留后浇区搭接连接。

(5)其他方式,包括竖向钢筋在水平后浇带内采用环套钢筋搭接连接,竖向钢筋采用挤压套筒、锥套锁紧等机械连接方式并预留混凝土后浇段,竖向钢筋采用型钢辅助连接或者预埋件螺栓连接等。

其中,(1)~(4)相对成熟,应用较广泛。钢筋套筒灌浆连接技术成熟,已有相关行业和地方标准,但由于成本相对较高且对施工要求也较高,因此通常采用竖向分布钢筋等效连接形式或其他简便的连接形式;钢筋浆锚搭接连接技术成本较低,目前的工程应用通常为剪力墙全截面竖向分布钢筋逐根连接;螺旋箍筋约束钢筋浆锚搭接和金属波纹管钢筋浆锚搭接连接技术是目前应用较多的钢筋间搭接的两种主要形式,各有优缺点,已有相关地方标准。底部预留后浇区钢筋搭接连接剪力墙技术体系尚处于深入研发阶段,该技术由于其剪力墙竖向钢筋采用搭接、套筒灌浆连接技术进行逐根连接,技术简便,成本较低,但增加了模板和后浇混凝土工作量,还要采取措施保证后浇混凝土的质量,暂未纳入现行标准《装配式混凝土结构技术规程》(JGJ 1—2014)中。

（二）叠合板混凝土剪力墙结构体系

叠合板混凝土剪力墙结构是典型的引进技术，为了适用于我国的要求，尚在进行进一步的改良、技术研发中。安徽省已有相关地方标准，适用于抗震设防烈度为7度及以下地区和非抗震区，房屋高度不超过60m、层数在18层以内的混凝土建筑结构。抗震区结构设计应注重边缘构件的设计和构造。目前，叠合板式剪力墙结构应用于多层建筑结构，其边缘构件的设计可以适当简化，使传统的叠合板式剪力墙结构在多层建筑中广泛应用，并且能够充分体现其工业化程度高、施工便捷、质量好的特点。

（三）多层剪力墙结构体系

多层装配式剪力墙结构技术适用于6层及以下的丙类建筑，3层及以下的建筑结构甚至可采用多样化的全装配式剪力墙结构技术体系。随着我国城镇化的稳步推进，多样化的低层、多层装配式剪力墙结构技术体系今后将在我国乡镇及小城市得到大量应用，具有良好的研发和应用前景。

（四）现浇剪力墙结构工业化技术体系

现浇剪力墙结构配外挂墙板技术体系的主体结构为现浇结构，其适用高度、结构计算和设计构造完全可以遵循与现浇剪力墙相同的原则。现浇剪力墙配外挂墙板结构技术体系的整体工业化程度较低，是预制混凝土建筑的初级应用形式，对于推进建筑工业化和建筑产业现代化有一定的促进作用。今后要逐步实现现浇剪力墙结构向预制装配式剪力墙结构的转变。

二、装配式混凝土框架结构

相对于其他结构体系，装配式混凝土框架结构的主要特点是：连接节点单一、简单，结构构件的连接可靠并容易得到保证，方便采用等同现浇的设计概念；框架结构布置灵活，容易满足不同的建筑功能需求；结合外墙板、内墙板及预制楼板或预制叠合楼板应用，预制率可以达到很高水平。

目前国内研究和应用的装配式混凝土框架结构，根据构件形式及连接形式，可大致分为以下几种：

（1）框架柱现浇，梁、楼板、楼梯等采用预制叠合构件或预制构件，是装配式混凝土框架结构的初级技术体系。

（2）在上述体系中采用预制框架柱，节点刚性连接，性能接近于现绕框架结构。根据连接形式，可细分为：

①框架梁、柱预制，通过梁柱后浇节点区进行整体连接，是《装配式混凝土结构技术规程》（JGJ 1—2014）中纳入的结构体系。

②梁柱节点与构件一同预制，在梁、柱构件上设置后浇段连接。

③采用现浇或多段预制混凝土柱，预制预应力混凝土叠合梁、板，通过钢筋混凝土后浇部分将梁、板、柱及节点连成整体的框架结构体系。

④采用预埋型钢等进行辅助连接的框架体系。通常采用预制框架柱、叠合梁、叠合板或预制楼板，通过梁、柱内预埋型钢螺栓连接或焊接，并结合节点区后浇混凝土，形成整体结构。

⑤框架梁、柱均为预制，采用后张预应力筋自复位连接，或者采用预埋件和螺栓连接等形式，节点性能介于刚性连接与铰接之间。

⑥装配式混凝土框架结构结合应用钢支撑或者消能减震装置。这种体系可提高结构抗震性能，扩大其适用范围。目前，这些技术还有待于进一步研究。

⑦各种装配式框架结构的外围护结构通常采用预制混凝土外挂墙板，楼面主要采用预制叠合楼板，楼梯为预制楼梯。

由于技术和使用习惯等原因，我国装配式框架结构的适用高度较低，适用于低层、多层建筑，其最大适用高度低于剪力墙结构或框架-剪力墙结构。因此，装配式混凝土框架结构在我国大陆地区主要应用于厂房、仓库、商场、停车场、办公楼、教学楼、医务楼、商务楼以及居住等建筑，这些结构要求具有开敞的大空间和相对灵活的室内布局，同时建筑总高度不高；目前装配式框架结构较少应用于居住建筑。相反，在日本以及我国台湾等地区，框架结构则大量应用于包括居住建筑在内的高层、超高层民用建筑。

三、装配式框架-剪力墙结构体系

装配式框架-剪力墙结构根据预制构件部位的不同，可分为预制框架-现浇剪力墙结构、预制框架-现浇核心筒结构、预制框架-预制剪力墙结构三种形式。

预制框架-现浇剪力墙结构中，预制框架结构部分的技术体系同上文；剪力墙部分为现浇结构，与普通现浇剪力墙结构要求相同。这种体系的优点是适用高度大,抗震性能好,框架部分的装配化程度较高。主要缺点是现场同时存在预制和现浇两种作业方式,施工组织和管理复杂,效率不高。

预制框架-现浇核心筒结构具有很好的抗震性能。预制框架与现浇核心筒同步施工时,两种工艺施工造成交叉影响,难度较大;筒体结构先施工、框架结构跟进的施工顺序可大大提高施工速度,但这种施工顺序需要研究采用预制框架构件与混凝土筒体结构的连接技术和后浇连接区段的支模、养护等,增加了施工难度,降低了效率。这种结构体系可重点研究将湿连接转为干连接的技术,加快施工的速度。

目前,预制框架-预制剪力墙结构仍处于基础研究阶段,国内应用数量较少。

四、楼梯和楼盖

装配式楼盖通常由预制梁和预制板(或预制叠合板)组成,和现浇结构相同,通常分为钢筋混凝土楼盖和预应力混凝土楼盖。除了承受并传递竖向荷载外,楼盖将各种竖向结构连接起来形成整体抗侧力结构体系,共同承受水平荷载作用。因此,楼盖结构在增强结构整体性以及传递水平力中发挥着重要作用。

装配式楼盖大体上可以分为两类:预制叠合楼盖和全预制楼盖。预制叠合楼盖一般由预制叠合梁、叠合板组成,叠合板由预制底板和现场后浇混凝土叠合层组成。全预制楼盖,顾名思义,是楼板、梁全部在工厂制作,在现场拼接组装。目前,一些西方国家在非抗震地区以及低抗震设防烈度区倾向于使用全预制楼盖,以提高工业化水平和效率、效益;在高地震设防烈度区大多采用预制叠合楼盖。

目前,我国的装配整体式混凝土结构中,楼盖主要采用预制叠合楼盖体系,包括钢筋桁架叠合板及预应力带肋叠合板等。结构转换层、平面复杂或开洞较大的楼层以及作为上部结构嵌固部位的地下室楼层等,对结构整体性及传递水平力的要求较高,目前推荐采用现浇楼盖为宜。

第三节　主要问题

从技术体系角度看,目前还没有形成适合不同地区、不同抗震等级要求的、结构体系安全、围护体系适宜、施工简便、工艺工法成熟、适宜规模推广的技术体系;

涉及全装配及高层框架结构的研究与实践不足,与国外差距较大;装配式建筑减震隔震技术及高强材料和预应力技术有待深入研究和应用推广。

从结构设计角度看,主要借鉴日本的"等同现浇"的概念,以装配整体式结构为主,节点和接缝较多且连接构造比较复杂。

对材料技术和结构技术的基础研究不足。由于装配式建筑仍处于发展初期,其实际使用效果、材料的耐久性、建筑外墙节点的防水性能和保温性能、结构体系抗震性能都没有经过较长时间的检验。

第四节　展望和建议

从混凝土建筑工业化的角度,预制框架结构由于预制率高,现场湿作业少,生产、施工效率高,更适合建筑产业化发展。尤其是在政府主导的各类公共建筑中,可以采用以预制框架结构、预制框架-剪力墙(核心筒)结构为主的技术体系。

目前,剪力墙结构是适合我国高层居住建筑的结构形式之一,应用最广,技术体系相对成熟。大规模应用中应以成熟的、有规范依据的技术体系为主。

针对我国大力推进城镇化的工作需求,小城市、城镇对多层建筑需求量很大,需进一步研究、完善、推广包括装配式剪力墙结构在内的多层建筑工业化技术体系。

今后预制装配式混凝土结构的发展,尚需在以下几个方面加强工作:

一是鼓励企业探索适用于自身发展的装配式建筑技术体系研究,逐步形成适用范围更广的通用技术体系,推进规模化应用,降低成本,提高效率;

二是深入研究结构节点连接技术和外围护技术等关键技术,形成成熟的解决方案并推广应用;

三是探索与装配式建筑相适应的工艺工法,把成熟适用的工艺工法上升到标准规范层面,为大规模推广奠定基础;

四是进一步研究包括叠合板剪力结构、全装配框架结构在内的一系列创新性技术体系;

五是对成熟适用的结构体系和节点连接技术加大推广力度;

六是对目前尚不成熟的结构体系,应加快研发论证。

第二章　装配式建筑设计质量要点

我国建筑行业的转型升级,首先需要升级的是行业思维模式和生产组织方式,因此在"五化合一"之外,我们更应该运用"产业化思维"来实现"专业化协同"。传统建筑设计模式是面向现场施工的,很多问题要到施工阶段才能够暴露出来,新型建筑工业化的重要作用在于将施工阶段的问题提前至设计、生产阶段解决,将设计模式由面向现场施工转变为面向工厂加工和现场装配的新模式,这就要求我们运用产业化的眼光审视我们原有的知识结构和技术体系,采用产业化的思维重新建立企业之间的分工与合作。使研发、设计、生产、施工以及装修形成完整的协作机制。随着建筑产业化的推进,"产业化思维"必将重塑中国的建筑行业,促使中国的建筑行业从"数量时代"跨越到"质量时代"。

第一节　装配式建筑设计易出现的质量问题

装配式建筑设计的注意要点要从以下三个方面来讲。

一、预制构件的科学拆分

建筑产业化的核心是生产工业化,生产工业化的关键是设计标准化,最核心的环节是建立一整套具有适应性的模数以及模数协调原则。设计中据此优化各功能模块的尺寸和种类,使建筑部品实现通用性和互换性,保证房屋在建设过程中,在功能、质量、技术和经济等方面获得最优的方案,促进建造方式从粗放型向集约型转变。

实现标准化的关键点则是体现在对构件的科学拆分上。预制构件科学拆分对建筑功能、建筑平立面、结构受力状况、预制构件承载能力、工程造价等都会产生影响。根据功能与受力的不同,构件主要分为垂直构件、水平构件及非受力构件。垂直构件主要是预制剪力墙等。水平构件主要包括预制楼板、预制阳台空调板、预制楼梯等。非受力构件包括PCF外墙板及丰富建筑外立面、提升建筑整体美观性的装饰构件等。

对构件的拆分主要考虑五个因素——一是受力合理,二是制作、运输和吊装的要求,三是预制构件配筋构造的要求,四是连接和安装施工的要求,五是预制构件标准化设计的要求,最终达到"少规格、多组合"的目的。

二、连接节点的处理

连接节点的设计与施工是装配式结构的重点和难点。保证连接节点的性能是保证装配式结构性能的关键。装配式结构连接节点在施工现场完成是最容易出现质量问题的环节,而连接节点的施工质量又是整个结构施工质量的核心。因此,所采用的节点形式应便于施工,并能保证施工质量。

预制构件竖向受力钢筋的连接方式是美国和日本等地震多发国家普遍应用的钢筋套筒连接技术。通过我国科研技术人员大量的理论、试验分析,证明了该技术的安全可靠性,并纳入我国行业标准《装配式混凝土结构技术规程》。灌浆套筒连接技术是通过向内外套筒间的环形间隙填充水泥基等灌浆料的方式连接上下两根钢筋,实现传力合理、明确,使计算分析与节点实际受力情况相符合。

从建筑专业的角度来讲,节点处理的重点包括外保温及防水措施。"三明治"式的夹芯外墙板,内侧是混凝土受力层、中间是保温层、外侧是混凝土保护层,通过连接件将内外层混凝土连接成整体,既保证了外墙稳定的保温性能传热系数,也提高了防火等级。防水措施主要体现在板缝交接处,竖向板缝采用结构防水与材料防水结合的两道防水构造,水平板缝采用构造防水与材料防水结合的两道防水构造。

三、BIM(建筑信息化模型)全产业链应用

将BIM与产业化住宅体系结合,既能提升项目的精细化管理和集约化经营,又能提高资源使用效率、降低成本、提升工程设计与施工质量水平。

BIM 软件可全面检测管线之间与土建之间的所有碰撞问题,并提供给各专业设计人员进行调整,理论上可消除所有管线碰撞问题。Revit MEP 通过数据驱动的系统建模和设计来优化管道桥架设计,可以最大限度地减少管道桥架系统设计中管道桥架之间、管道桥架与结构构件之间的碰撞。

设计院应具备在产业化项目中进行全产业链、全生命周期的 BIM 应用策划能力,确定 BIM 信息化应用目标与各阶段 BIM 应用标准和移交接口,建立 BIM 信息化技术应用协同平台并进行维护更新,在产业化项目的前期策划阶段、设计阶段、构件生产阶段、施工阶段、拆除阶段实现全生命周期运用 BIM 技术,帮助业主实现对项目的质量、进度和成本的全方位、实时控制。

住宅产业化是我国建筑行业的一次深刻革命,是建筑行业发展的必然趋势之一。与欧美、日本等发达国家相比,我国住宅产业化发展仍然处于初级阶段,面临管理体制滞后、技术体系不完善和建造成本高等不利局面。在不断完善技术体系、建立住宅产业化推进激励机制的同时,要重点推行设计、施工、管理一体化,从项目策划、规划设计、建筑设计、生产加工、运输施工、设备设施安装、装饰装修及运营管理全过程统筹协调,形成完整的一体化运营模式。

装配式建筑各个环节容易出现的质量问题、危害、原因和预防措施见下表。

装配式建筑设计质量问题一览表

序号	问题	危害	原因	检查	预防与处理措施
1	套筒保护层不够	影响结构耐久性	先按现浇设计再按照装配式,拆分时没有考虑保护层问题	设计人设计负责人	1.装配式设计从项目设计开始就同步进行 2.设计单位对装配式结构建筑的设计负全责,不能交由拆分设计单位或工厂承担设计责任
2	各专业预埋件、埋设物等没有设计到构件制作图中	现场后锚固或凿混凝土,影响结构安全	各专业设计协同不好	设计人设计负责人	1.建立以建筑设计师牵头的设计协同体系 2.制作图有关专业会审 3.应用 BIM 系统
3	预制构件与现浇部分连接节点不匹配	后期安装出现问题	设计协同不好,节点设计不明确	设计负责人	1.建立以建筑设计师牵头的设计协同体系 2.制作图有关专业会审 3.应用 BIM 系统

序号	问题	危害	原因	检查	预防与处理措施
4	构件局部地方钢筋、预埋件、预埋物太密，导致混凝土无法浇筑	局部混凝土质量受到影响；预埋件锚固不牢，影响结构安全	设计协同不好	设计人设计负责人	1.建立以建筑设计师牵头的设计协同体系 2.制作图有关专业会审 3.应用 BIM 系统
5	拆分不合理	或结构不合理，或规格太多影响成本，或不便于安装	拆分设计人员没有经验，与工厂安装企业沟通不够	设计人设计负责人	1.有经验的拆分人员在结构设计师的指导下拆分 2.拆分设计时与工厂和安装企业沟通
6	没有给出构件堆放、安装后支撑的要求	因支承不合理导致构件裂缝或损坏	设计师认为此项工作是工厂的责任，未予考虑	设计负责人	将构件堆放和安装后临时支撑作为构件制作图设计的不可遗漏的部分
7	外挂墙板没有设计活动节点	主体结构发生较大层间位移时，墙板被拉裂	对外挂墙板的连接原理与原则不清楚	设计负责人	墙板连接设计时必须考虑对主体结构变形的适应性
8	墙板竖运时，高度超高	导致无法运输，或者运输效率降低，或者出现违规将构件出筋弯折	对运输条件及要求不熟悉	设计人设计负责人	1.在设计阶段，设计与制作及运输单位要充分沟通协同 2.加强对设计人员的相关培训 3.采用标准化设计统一措施进行管控
9	外墙金属窗框、栏杆、百叶等防雷接地遗漏	导致建筑防侧击雷不满足要求，埋下安全隐患	不了解装配式项目的异同，专业间协同配合不到位	设计人设计负责人	1.建立各专业间协同机制，明确协同内容，进行有效确认和落实 2.加强对设计人员培训 3.采用标准化设计统一措施进行管控

序号	问题	危害	原因	检查	预防与处理措施
10	吊点与出筋位置或混凝土翻口冲突	导致吊装时安装吊具困难,需要弯折钢筋或敲除局部混凝土,埋下安全隐患	对吊具、吊装要求不熟悉	设计人设计负责人	1. 在设计阶段,设计与施工安装单位要充分沟通协同,并明确要求 2. 加强对设计人员培训 3. 采用标准化设计统一措施进行管控
11	开口型或局部薄弱构件未设置临时加固措施	导致脱模、运输、吊装过程中应力集中,构件断裂	薄弱构件未经全工况内力分析,未采取有效临时加固措施	设计人设计负责人	1. 在构件设计阶段,应按构件全生命周期进行各工况的包络设计 2. 采用标准化设计统一措施进行管控
12	预埋的临时支撑埋件位置、现场支撑设置困难	导致墙板无法临时支撑、固定、调节就位	未考虑现场的支撑设置条件,对安装作业要求不熟悉	设计人设计负责人	1. 充分考虑现场支撑设置的可实施性,加强设计与施工单位沟通协调,安装用埋件进行及时确认 2. 采用标准化设计统一措施进行管控
13	脚手架拉结件或挑架预留洞未留或留洞偏位	导致脚手架设计出现问题,在外墙板上凿洞处理,给外墙板埋下安全隐患	未考虑脚手架等在外墙板上的预埋预留内容或者考虑不充分	设计人设计负责人	1. 充分考虑现场的脚手架方案对外墙板的预埋预留需求,对施工单位相关预留预埋要求提前进行及时反馈和确认 2. 采用标准化设计统一措施进行管控
14	现浇层与PC层过渡层的竖向PC构件预埋插筋偏位或遗漏	导致竖向PC构件连接不能满足主体结构设计要求,结构留下安全隐患	未对竖向PC构件连接钢筋数量、位置全面复核确认,设计校审不认真	设计人设计负责人	1. 对主体结构设计要求要充分地消化理解,对设计连接要求进行复核确认 2. 采用标准化设计统一措施进行管控

续表

序号	问题	危害	原因	检查	预防与处理措施
15	脱模吊点与吊装吊点共用	脱模吊点处混凝土产生初始裂缝及吊点埋件微滑移，给吊装时留下安全	未对规范要求的基本原则进行有效控制	设计人设计负责人	1. 对相关的设计要点、规范要求等进行有效落实 2. 采用标准化设计统一措施进行管控
16	未标明构件的安装方向	给现场安装带来困难或导致安装错误	未有效落实构件相关设计要点，标识遗漏	设计人设计负责人	1. 对相关的设计要点、规范要求等进行有效落实 2. 采用标准化设计统一措施进行管控
17	现场墙板竖直堆放架未进行抗倾覆验算，未考虑堆放架防连续倒塌措施要求	导致堆场在强风雨恶劣天气下可能出现倾覆或连续倾覆	未对不同堆放条件下除构件本身以外的受力情况进行全面分析验算	设计负责人施工单位技术负责人	1. 对构件的堆放、运输等不同条件下可能会带来的安全隐患进行全面分析验算，确保无意外发生 2. 采用标准化设计统一措施进行管控
18	水平构件，如叠合楼板、楼梯、阳台、空调板等设计未给出支撑要求，未给出拆除支撑的条件要求	有可能会导致水平构件在施工阶段不满足承载的情况，尤其是悬挑阳台、空调板等有可能会出现倾覆	未把设计意图有效传递给施工安装单位，未对施工单位进行有效的设计交底	设计负责人施工单位技术负责人	1. 水平构件是免支撑设计的，需要把设计意图落实在设计文件中，在设计交底环节进行有效的设计交底 2. 采用标准化设计统一措施进行管控
19	外侧叠合梁等局部现浇叠合层未留设后浇区模板安装预埋件	现浇区模板安装困难或无法安装，采用后植方式，给原结构构件带来损伤，费时费力	未全面复核模板安装用预埋件，施工单位未对设计图进行确认	设计人设计负责人	1. 有效落实相关的设计要点 2. 和施工安装单位进行书面沟通确认 3. 采用标准化设计统一措施进行管控

序号	问题	危害	原因	检查	预防与处理措施
20	预制叠合梁端接缝的受剪承载力不满足规定,主体结构施工图和预制构件深化图均未采取有效的措施	受剪承载力不满足规范要求,给结构留下永久的安全隐患	对装配式结构与现浇结构差异不熟悉,深化设计按主体结构施工图深化时容易忽视,而主体结构施工图内也没有相应的处理措施。处于两不管地带	设计人设计负责人	1.需要在现浇叠合区附加抗剪水平钢筋来满足接缝受剪承载要求 2.对规范的相关规定进行培训学习、积累经验,对设计要点进行严格把控并落实 3.采用标准化设计统一措施进行管控

第二节　装配式建筑设计质量管理要点

装配式建筑的设计涉及结构方式的重大变化和各个专业各个环节的高度契合,对设计深度和精细程度要求高,一旦设计出现问题,到施工时才发现,许多构件已经制成,往往会造成很大的损失,也会延误工期。装配式建筑不能像现浇建筑那样在现场临时修改或是砸掉返工。因此必须保证设计精度、细度、深度、完整性,必须保证不出错,必须保证设计质量。

保证设计质量的要点如下:

(1)设计开始就建立统一协调的设计机制,由富有经验的建筑师和结构设计师负责协调、衔接各个专业。

(2)列出与装配式有关的设计和衔接清单,避免漏洞。

(3)列出与装配式有关的设计关键点清单。

(4)制定装配式设计流程。

(5)对不熟悉装配式设计的人员进行培训。

(6)与装配式有关的各个专业应当参与拆分后的构件制作图校审。

(7)落实设计责任。

(8)合理利用BIM管理体系。

第三节　装配式建筑与集成设计的协同工作

（1）装配式建筑与集成设计的协同工作的清单如下：

①通过甲方与构件制作、运输及施工企业对接，协同参与设计。

②组织该项目需要的所有专业人员协同设计，尤其是以往设计阶段不介入的专业，例如内装设计师等。

③建立图样信息汇集分析、共同审查的协调体系。

④设计人员利用 BIM 技术创建设计模型，并与各业务人员协同工作完成模型的创建、调试及应用。

⑤在构件图设计阶段，应该制作工厂和施工厂家协同参与，说明制作和施工环节对设计的要求和约束条件。

（2）在保证协同工作的情况下，要做到以下专业协同：

①结构专业协同。

预制装配式建筑体型、平面布置及构造应符合抗震设计的原则和要求。为满足工业化建造的要求，预制构件设计应遵循受力合理、连接简单、施工方便、少规格、多组合的原则，选择适宜的预制构件尺寸和重量，方便加工运输，提高工程质量，控制建设成本。

建筑承重墙、柱等竖向构件宜上下连续，门窗洞口宜上下对齐，成列布置，不宜采用转角窗。门窗洞口的平面位置和尺寸应满足结构受力及预制构件设计要求。

②给排水专业协同。

预制装配式建筑应考虑公共空间竖向管井位置、尺寸及共用的可能性，将其设于易于检修的部位。竖向管线的设置宜相对集中，水平管线的排布应减少交叉。穿预制构件的管线应预留或预埋套管，穿预制楼板的管道应预留洞，穿预制梁的管道应预留或预埋套管。管井及吊顶内的设备管线安装应牢固可靠，应设置方便更换、维修的检修门（孔）等措施。

住宅套内宜优先采用同层排水，同层排水的房间应有可靠的防水构造措施。采用整体卫浴、整体厨房时，应与厂家配合土建预留净尺寸及设备管道接口的位置及要求。太阳能热水系统集热器、储水罐等的安装应与建筑一体化设计，结构主体做好预留预埋。

③暖通专业协同。

供暖系统的主立管及分户控制阀门等部件应设置在公共空间竖向管井内,户内供暖管线宜设置为独立环路。采用低温热水地面辐射供暖系统时,分、集水器宜配合建筑地面垫层的做法设置在便于维修管理的部位。采用散热器供暖系统时,合理布置散热器位置、采暖管线的走向。采用分体式空调机时,满足卧室、起居室预留空调设施的安装位置和预留预埋条件。当采用集中新风系统时,应确定设备及风道的位置和走向。住宅厨房及卫生间应确定排气道的位置及尺寸。

④电气电讯专业协同。

确定分户配电箱位置,分户墙两侧暗装电气设备不应连通设置。预制构件设计应考虑内装要求,确定插座、灯具位置以及网络接口、电话接口、有线电视接口等位置。确定线路设置位置与垫层、墙体以及分段连接的配置,在预制墙体内、叠合板内暗敷设时,应采用线管保护。在预制墙体上设置的电气开关、插座、接线盒、连接管线等均应进行预留预埋。在预制外墙板、内墙板的门窗过梁及锚固区内不应埋设设备管线。

第三章 装配式建筑常用材料

第一节 混凝土、钢筋与钢材

一、混凝土、水泥和砂等材料

(一)混凝土

1.混凝土相关知识

(1)混凝土,简称砼,是由胶凝材料将集料胶结成整体的工程复合材料的统称。通常讲的混凝土一词是指用水泥作胶凝材料,碎石或卵石作粗骨料,砂作细骨料,与水、外加剂和掺合料等按一定比例配合,经搅拌而得的水泥混凝土,也称人造石。

砂、石在混凝土中起骨架作用,并抑制水泥的收缩;水泥和水形成水泥浆,包裹在粗细骨料表面并填充骨料间的空隙。水泥浆体在硬化前起润滑作用,使混凝土拌合物具有良好工作性能,硬化后将骨料胶结在一起,形成坚强的整体。

(2)混凝土质量要求。

混凝土应搅拌均匀、颜色一致,具有良好的和易性。混凝土的坍落度应符合要求。冬期施工时,水、骨料加热温度及混凝土拌合物出机温度应符合相关规范要求。

(3)混凝土中氯化物和碱总含量应符合现行国家相关规范要求,以保证构件受力性能和耐久性。

（4）变形和耐久性。

混凝土在荷载或温湿度作用下会产生变形，主要包括弹性变形、塑性变形、收缩和温度变形等。

耐久性是指在使用过程中抵抗各种破坏因素作用的能力，主要包括抗冻性、抗渗性、抗侵蚀性。耐久性的好与坏决定着混凝土工程寿命的长短。

2. 混凝土性能要求

（1）配合比。

合理地选择原材料并确定其配合比例不仅能安全有效地生产出合格的混凝土产品，而且还可以达到经济实用的目的。一般来说，混凝土配合比的设计通常按水灰比、水胶比法则的要求进行。其中材料用量的计算主要采用假定容重法或绝对体积法。

①水胶比。

混凝土水胶比的计算应根据试验资料进行统计，提出混凝土强度和水胶比的关系式，然后用作图法或计算法求出与混凝土配制强度相对应的水胶比。当采用多个不同的配合比进行混凝土强度试验时，其中一个应为基准配合比，其他配合比的水胶比，宜较基准配合比分别增加或减少 0.02 ~ 0.03。

②集料。

每立方碎石用量＝混凝土每立方米的碎石用量（一般为 0.9 ~ 0.95m³）×碎石松散容重（即碎石的密度，一般为 1.7 ~ 1.9t/m³）。

砂率＝砂的质量/（碎石质量+砂的质量），一般控制在 28% ~ 36% 范围内。

每立方砂用量＝［碎石的质量/（1−砂率）］×砂率。

（2）和易性。

流动性、黏聚性和保水性综合表示拌合物的稠度、流动性、可塑性、抗分层离析泌水的性能及易抹面性等，主要采用截锥坍落筒测定。

（3）强度。

混凝土硬化后的最重要的力学性能是指混凝土抵抗压、拉、弯、剪等应力的能力。根据混凝土按标准抗压强度（以边长为 150mm 的立方体为标准试件，在标准养护条件下养护 28 天，按照标准试验方法测得的具有 95% 保证率的立方体抗压强度）划分的强度等级，称为标号，分为 C10、C15、C20、C25、C30、C35、C40、C45、C50、C55、C60、C65、C70、C75、C80、C85、C90、C95、C100 共 19 个等级。

①装配整体式混凝土结构中，预制构件的混凝土强度等级不宜低于 C30；现浇

混凝土构件的强度等级不应低于 C25；预制预应力构件混凝土的强度等级不宜低于 C40。

②有抗震设防要求的装配式结构的混凝土强度等级要求：剪力墙不宜超过 C60；其他构件不宜超过 C70；一级抗震等级的框架梁、柱及节点不应低于 C30；其他各类结构构件不应低于 C20。

装配整体式结构预制构件后浇节点处的混凝土宜采用普通硅酸盐水泥配制，其强度等级应比预制构件强度等级提高一级，且不应低于 30MPa。

（二）水泥

1. 基本要求

水泥宜采用不低于 42.5 级硅酸盐、普通硅酸盐水泥，进场前要求提供商出具水泥出厂合格证和质保单等，对其品种、级别、包装或散装仓号、出厂日期等进行检查，并按批次对其强度、安定性、凝结时间及其他必要的性能指标进行复验，其质量必须符合现行国家标准《硅酸盐水泥、普通硅酸盐水泥》（GB175）的规定，出厂超过三个月的水泥应复试，水泥应存放在水泥库或水泥罐中，防止雨淋和受潮。

2. 化学指标

化学指标应符合下表规定。

化学指标（单位%）						
品种	代号	不溶物（质量分数）	烧失量（质量分数）	三氧化硫（质量分数）	氧化镁（质量分数）	氯离子（质量分数）
硅酸盐水泥	P·I	≤0.75	≤3.0	≤3.5	≤5.0a	≤0.06b
	P·II	≤1.50	≤3.5			
普通硅酸盐水泥	P·O	—	≤5.0			

注：a. 如果水泥压蒸试验合格，则水泥中氧化镁的含量（质量分数）允许放宽至 6.0%。

　　b. 当有更低要求时，该指标由买卖双方协商确定。

3. 物理指标

（1）凝结时间。

硅酸盐水泥初凝不小于 45min，终凝不大于 390min；普通硅酸盐水泥、矿渣硅酸盐水泥、火山灰质硅酸盐水泥、粉煤灰硅酸盐水泥和复合硅酸盐水泥初凝不小于

45min,终凝不大于600min。

（2）安定性。

沸煮法合格。

（3）强度。

不同品种不同强度等级的通用硅酸盐水泥,其不同龄期的强度应符合下表的规定。

通用硅酸盐水泥强度要求（单位:MPa）					
品种	强度等级	抗压强度		抗折强度	
		3d	28d	3d	28d
硅酸盐水泥	42.5	≥17.0	≥42.5	≥3.5	≥6.5
	42.5R	≥22.0		≥4.0	
	52.5	≥23.0	≥52.5	≥4.0	≥7.0
	52.5R	≥27.0		≥5.0	
	62.5	≥28.0	≥62.5	≥5.0	≥8.0
	62.5R	≥32.0		≥5.0	
普通硅酸盐水泥	42.5	≥17.0	≥42.5	≥3.5	≥6.5
	42.5R	≥22.0		≥4.0	
	52.5	≥23.0	≥52.5	≥4.0	≥7.0
	52.5R	≥27.0		≥5.0	

（4）细度。

硅酸盐水泥和普通硅酸盐水泥细度以比表面积表示,不小于$300m^2/kg$;矿渣硅酸盐水泥、火山灰质硅酸盐水泥、粉煤灰硅酸盐水泥和复合硅酸盐水泥以筛余表示,$8\mu m$方孔筛筛余不大于10%或$45\mu m$方孔筛筛余不大于30%。

（三）砂

按照加工方法的不同,砂分为天然砂、机制砂、混合砂（天然砂与机制砂按照一定比例混合而成）。

1.天然砂

天然砂为自然形成的,粒径小于5mm的岩石颗粒。

（1）混凝土使用的天然砂宜选用细度模数为2.3~3.0的中粗砂。

（2）进场前要求供应商出具质保单，使用前要对砂的含水、含泥量进行检验，并用筛选分析试验对其颗粒级配及细度模数进行检验。其质量应符合现行行业标准《普通混凝土用砂、石质量及检验方法标准》JGJ52 的规定。

（3）砂的质量要求。

砂的粗细程度按细度模数 μf 分为粗、中、细、特细四级，其范围应符合以下规定：粗砂 $\mu f = 3.7 \sim 3.1$，中砂 $\mu f = 3.0 \sim 2.3$，细砂 $\mu f = 2.2 \sim 1.6$，特细砂 $\mu f = 1.5 \sim 0.7$。

（4）天然砂中含泥量应符合下表的规定。

天然砂中含泥量			
混凝土强度等级	≥C60	C55 ~ C30	≤C25
含泥量（按重量计%）	≤2.0	≤3.0	≤5.0

对有抗冻、抗渗或其他特殊要求的小于或等于 C25 混凝土用砂，含泥量应不大于 3.0%。

（5）砂中的泥块含量应符合下表的规定。

砂中的泥块含量			
混凝土强度等级	≥C60	C55 ~ C30	≤C25
含泥量（按重量计%）	≤0.5	≤1.0	≤2.0

对于有抗冻、抗渗或其他特殊要求的小于或等于 C25 混凝土用砂，其泥块含量不应大于 1.0%。

（6）当砂中如含有云母、轻物质、有机物、硫化物及硫酸盐等有害物质时，其含量应符合下表的规定。

砂中的有害物质限值	
项目	质量指标
云母含量（按重量计,%）	≤2.0
轻物质含量（按重量计,%）	≤1.0
硫化物及硫酸盐含量	≤1.0
有机物含量（按比色法试验）	颜色不应深于标准色，当颜色深于标准色时，应按水泥胶砂强度试验方法进行强度对比试验，抗压强度比不应低于0.95

对于有抗冻、抗渗要求的混凝土，砂中云母含量不应大于 1.0%。

（7）对于长期处于潮湿环境的重要混凝土结构用砂,应采用砂浆棒（快速法）或砂浆长度法进行骨料的碱活性检验。

经上述检验判断为有潜在危害时,应控制混凝土中的碱活性检验,控制混凝土中的碱含量不超过 $3kg/m^3$,或采用能抑制碱-骨料反应的有效措施。

2. 机制砂

（1）机制砂是通过机械破碎后,由制砂机等设备破碎、筛分而成,粒径小于50mm 的岩石颗粒,具有成品规则的特点。机制砂应符合现行国家标准《建筑用砂》GB/T14684 的规定。

（2）机制砂的原料:机制砂的制砂原料通常用花岗岩、玄武岩、河卵石、鹅卵石、安山岩、流纹岩、辉绿岩、闪长岩、砂岩、石灰岩等品种。其制成的机制砂按岩石种类区分,有强度和用途的差异。

（3）机制砂的要求:机制砂的粒径在 4.75 ~ 0.15mm 之间,对小于 0.075mm 的石粉有一定的比例限制。其粒级分为:4.75、2.36、1.18、0.60、0.30、0.15。粒级最好要连续,且每一粒级要有一定的比例,限制机制砂中针片状的含量。

（4）机制砂的规格:机制砂的规格按细度模数分为粗、中、细、特细四种。

粗砂的细度模数为:3.7 ~ 3.1,平均粒径为 0.5mm 以上。

中砂的细度模数为:3.0 ~ 2.3,平均粒径为 0.5 ~ 0.35mm。

细砂的细度模数为:2.2 ~ 1.6,平均粒径为 0.35 ~ 0.25mm。

特细砂的细度模数为:1.5 ~ 0.7,平均粒径为 0.25mm 以下。

（5）机制砂的等级和用途。

等级:机制砂的等级按其技能需求分为Ⅰ、Ⅱ、Ⅲ三个等级。

用途:Ⅰ类砂适用于强度等级大于 C60 的混凝土,Ⅱ类砂适用于强度等级 C30 ~ C60 及有抗冻、抗渗或其他要求的混凝土,Ⅲ类砂适用于强度等级小于 C30 的混凝土与构筑砂浆。

（6）机制砂的主要检验项目有表观相对密度、坚固性、含泥量、砂当量、亚甲蓝值、棱角性等。

（四）石子

1. 石子的选用

石子宜选用 5 ~ 25mm 碎石,混凝土用碎石应采用反击破碎石机加工。

2.进场前要求提供商出具质保单

卸货后用肉眼观察石子中针片状颗粒含量。使用前要对石子的含水、含泥量进行检验,并用筛选分析试验对其颗粒级配进行检验,其质量应符合现行行业标准《普通混凝土用砂、石质量及检验方法标准》JGJ52 的规定。

3.针、片状颗粒含量的规定

碎石或卵石中针、片状颗粒含量			
混凝土强度等级	≥C60	C55 ~ C30	≤C25
针、片状颗粒含量,按重量计(%)	≤8	≤15	≤25

4.含泥量应符合的规定

碎石或卵石中的含泥量			
混凝土强度等级	≥C60	C55 ~ C30	≤C25
含泥量(按重量计%)	≤0.2	≤0.5	≤0.7

5.泥块含量的规定

碎石或卵石中的泥块含量			
混凝土强度等级	≥C60	C55 ~ C30	≤C25
泥块含量(按重量计%)	≤0.2	≤0.5	≤0.7

6.碎石压碎值

碎石的强度可用岩石的抗压强度和压碎值指标表示。碎石的压碎值指标宜符合下表的规定。

碎石的压碎值指标		
岩石品种	混凝土强度等级	碎石压碎值指标(%)
沉积岩	C60 ~ C40	≤10
	≤C35	≤16
变质岩或深成的火成岩	C60 ~ C40	≤12
	≤C35	≤20
喷出的火成岩	C60 ~ C40	≤13
	≤C35	≤30

注:沉积岩包括石灰岩、砂岩等。变质岩包括片麻岩、石英岩等。深成的火成岩包括花岗岩、正长岩、闪长岩和橄榄岩等。喷出的火成岩包括玄武岩和辉绿

岩等。

7.卵石压碎值及硫化物、硫酸盐含量

卵石的强度用压碎值指标表示。其压碎值指标宜符合下表的规定。

卵石的强度压碎值指标		
混凝土强度等级	C60~C40	≤C35
碎石压碎值指标(%)	≤12	≤16

碎石或卵石中的硫化物和硫酸盐含量以及卵石中有机物等有害物质含量应符合下表的规定。

碎石或卵石中的硫化物和硫酸盐含量	
项目	质量要求
硫化物及硫酸盐含量(折算成 SO_3 按重量计,%)	≤1.0
卵石中有机物含量(按比色法试验)	颜色不应深于标准色,当颜色深于标准色时,应按水泥胶砂强度试验方法进行强度对比试验,抗压强度比不应低于0.95

8.碱活性检验

对于长期处于潮湿环境的重要结构混凝土,其所使用的碎石或卵石应进行碱活性检验。

进行碱活性检验时,首先应采用岩相法检验碱活性骨料的品种、类型和数量。当检验出骨料中含有活性二氧化硅时,应采用快速砂浆法和砂浆长度法进行碱活性检验。当检验出骨料中含有活性炭酸盐时,应采用岩石柱法进行碱活性检验。

经上述检验,当判定骨料存在潜在碱-炭酸盐反应危害时,不宜用作混凝土骨料,否则应通过专门的混凝土试验做最后评定。

当判定骨料存在潜在碱-骨料反应危害时,应控制混凝土中的碱含量不超过 $3kg/m^3$,或采用能抑制碱-骨料反应的有效措施。

(五)外加剂

外加剂品种应通过试验室进行试配后确定,进场前要求提供商出具合格证和质保单等。目前常用外加剂有高性能减水剂、高效减水剂、普通减水剂、引气减水剂、泵送剂、早强剂、缓凝剂、引气剂、膨胀剂、抗冻剂、抗渗剂等。

外加剂产品品质应均匀、稳定。为此,应根据外加剂品种,定期选测下列项目:固体含量或含水量、pH 值、比重、密度、松散容重、表面张力、起泡性、氯化物含量、主要成分含量(如硫酸盐含量、还原糖含量、木质素含量等)、钢筋锈蚀快速试验、净浆流动度、净浆减水率、砂浆减水率、砂浆含气量等。其质量应符合现行国家标准《混凝土外加剂》GB 8076 的规定。

(六)粉煤灰

粉煤灰应符合现行国家标准《用于水泥和混凝土中粉煤灰》GB/T1596 中的 Ⅰ级或 Ⅱ级各项技术性能及质量指标,粉煤灰进场前要求提供商出具合格证和质保单等,按批次对其细度等进行检验。

拌制水泥混凝土和砂浆时,作掺合料的粉煤灰成品应满足下表要求。

序号	粉煤灰作水泥混凝土和砂浆掺合料的指标			
	指标	级别		
		Ⅰ	Ⅱ	Ⅲ
1	细度(0.045mm 方孔筛筛余,%)不大于	12	20	45
2	需水量比(%)不大于	95	105	115
3	烧失量(%)不大于	5	8	15
4	含水量(%)不大于	1	1	不规定
5	三氧化硫(%)不大于	3	3	3

水泥生产中作活性混合材料的粉煤灰应满足下表要求。

序号	粉煤灰作活性混合材料的指标		
	指标	级别	
		Ⅰ	Ⅱ
1	烧失量(%)不大于	5	8
2	含水量(%)不大于	1	1
3	三氧化硫(%)不大于	3	3
4	28 天抗压强度比(%)不大于	75	62

(七)矿粉

矿粉进场前要求提供商出具合格证和质保单等,按批次对其活性指数、氯离子含量、细度及流动度比等进行检验,应符合现行国家标准《用于水泥和混凝土中的粒化高炉矿渣粉》(GB/T 18046)的规定,详见下表。

矿粉技术指标要求			
项目	级别		
	S105	S95	S75
密度/(g/cm³) ≥	2.8		
比表面积/(m²/kg) ≥	500	400	300
活性指数/% ≥ 7d	95	75	55
28d	105	95	75
流动度比/% ≥	95		
含水量(质量分数)/(%) ≤	1.0		
三氧化硫(质量分数)/(%) ≤	4.0		
氯离子(质量分数)/(%) ≤	0.06		
烧失量(质量分数)/(%) ≤	3.0		

注:1. 可根据用户要求协商提高。

2. 选择性标准。当用户要求时,供货方应提供矿渣粉氯离子和烧失量数据。

(八)拌合用水

混凝土拌合用水按水源可分为饮用水、地表水、地下水以及经适当处理或处置后的工业废水(中水)。pH 值、碱含量、氯离子含量等指标应符合现行行业标准《混凝土拌合用水标准》JGJ 63 的规定,详见下表。

混凝土拌合用水水质要求			
项目	预应力混凝土	钢筋混凝土	素混凝土
pH 值	≥5.0	≥4.5	≥4.5
不溶物(mg/L)	≤2000	≤2000	≤5000
可溶物(mg/L)	≤2000	≤5000	≤10000
Cl^-(mg/L)	≤500	≤1000	≤3500
SO_2^-(mg/L)	≤600	≤2000	≤2700
碱含量(mg/L)	≤1500	≤1500	≤1500

二、钢筋与钢材

（一）钢筋

1. 概念

钢筋是指钢筋混凝土用和预应力钢筋混凝土用钢材，包括光圆钢筋、带肋钢筋、扭转钢筋。

2. 钢筋混凝土用钢筋

钢筋混凝土用钢筋是指钢筋混凝土配筋用的直条或盘条状钢材，交货状态为直条和盘圆两种（图3-1）。

图3-1 钢筋混凝土用钢筋

3. 钢筋种类

钢筋种类很多,通常按化学成分、生产工艺、轧制外形、供应形式、直径大小以及在结构中的用途进行分类,钢筋的分类见下表。

钢筋的分类表			
序号	分类方式	类别	适用范围
1	轧制外形	光面钢筋	Ⅰ级钢筋(HPB300级钢筋)均轧制为光面圆形截面,供应形式为盘圆,直径不大于10mm,长度为6~12m
		带肋钢筋	有螺旋形、人字形和月牙形三种,一般Ⅱ、Ⅲ级钢筋轧制成人字形,Ⅳ级钢筋轧制成螺旋形及月牙形
		钢线	分低碳钢丝、碳素钢丝及钢绞线三种
		冷轧扭钢筋	经冷轧并冷扭成型
2	直径大小	钢丝	直径3~50mm
		细钢筋	直径6~100mm
		粗钢筋	直径大于22mm
3	力学性能	Ⅰ级钢筋	235/370级
		Ⅱ级钢筋	335/510级
		Ⅲ级钢筋	370/570
		Ⅳ级钢筋	540/835
4	生产工艺		热轧、冷轧、冷拉的钢筋,还有Ⅳ级钢筋经热处理而成的热处理钢筋,强度比前者更高
5	在结构中的作用		受压钢筋、受拉钢筋、架立钢筋、分布钢筋、箍筋等

4. 钢筋性能指标

(1)钢筋应无有害的表面缺陷,按盘卷交货的钢筋应将头尾有害缺陷部分切除。钢筋表面不得有横向裂纹、结疤和折痕,允许有不影响钢筋力学性能和连接的其他缺陷。

（2）钢筋的弯曲度不得影响正常使用,钢筋每米弯曲度不应大于4mm,总弯曲度不大于钢筋总长度的0.4%。钢筋的端部应平齐,不影响连接器的通过。弯芯直径弯曲180度后,钢筋受弯曲部位表面不得产生裂纹。

（3）构件连接钢筋采用套筒灌浆连接和浆锚搭接连接时,应采用热轧带肋钢筋。预制构件的吊环应采用未经冷加工的HPB300级钢筋制作。

（4）当预制构件中采用钢筋焊接网片配筋时,应符合现行行业标准《钢筋焊接网混凝土结构技术规程》JGJ 114的规定。

（5）钢筋原材质量具体要求见下表。

公称截面面积与理论重量				
公称直径（mm）	公称截面面积（mm²）	有效截面系数	理论截面面积（mm²）	理论重量（kg/m）
6	33.18	0.95	34.9	0.261
8	50.27	0.95	52.9	0.395
10	78.54	0.95	82.7	0.617
12	113.1	0.95	119.1	0.888
14	153.9	0.95	162	1.21
16	201.1	0.95	211.7	1.58
18	254.5	0.95	267.9	2.11
20	314.2	0.95	330.7	2.47
22	380.1	0.95	400.1	2.98
25	490.9	0.94	522.2	4.10
28	615.8	0.95	648.2	4.83
32	804.2	0.95	846.5	6.65
36	1018	0.95	1071.6	7.99
40	1256.6	0.95	1322.7	10.34
50	1963.5	0.95	2066.88	16.28

（二）螺旋肋钢丝

预应力混凝土用螺旋肋钢丝（公称直径 DN 为 4、4.8、5、6、6.25、7、8、9、10）的规格及力学性能，应符合现行国家标准《预应力混凝土用钢丝》GB/T 5223 的规定，详见下表。

							应力松弛性能		
公称直径（mm）	抗拉强度（MPa）不小于	规定非比例伸长应力（MPa）不小于		最大力下总伸长率（10~200 mm,%）不小于	弯曲次数/（次/180度）不小于	弯曲半径 R（mm）	初始应力相当于公称抗拉强度的百分数/%	1000h 后应力松弛率不小于	
		WLR	WNR					WLR	WNR
4.00	1470	1290	1250	3.5	3	10	60	1.0	4.5
4.80	1570	1380	1330		4	15			
5.00	1670	1470	1410						
6.00	1470	1290	1250		4	15			
6.25	1570	1380	1330		4	20			
7.00	1670	1470	1410		4	20			
	1770	1560	1500						
8.00	1570	1290	1250		4	20			
9.00	1470	1380	1330		4	25			
10.00	1470	1290	1250		4	25			
12.00					4	30			

螺旋肋钢丝的力学性能

（三）钢材

（1）钢材一般采用普通碳素钢。其中最常用的 Q235 低碳钢,其屈服点为 235MPa,抗拉强度为 375~500MPa。Q345 低合金高强度钢,其塑性、焊接性良好,屈服强度为 345MPa。

（2）预制构件吊装用内埋式螺母或吊杆及配套的吊具,应符合现行国家标准的规定。

（3）预埋件锚板用钢材应采用 Q235、Q345 级钢，钢材等级不应低于 Q235B；钢材应符合现行国家标准《碳素结构钢》GB/T 700 的规定。预埋件的锚筋应采用未经冷加工的热轧钢筋制作。

（4）装配整体式混凝土结构中，应积极推广使用高强度钢筋。预制构件纵向钢筋宜使用高强度钢筋，或将高强度钢材用于制作承受动荷载的金属结构件。

（四）焊接材料

（1）手工焊接用焊条质量，应符合现行国家标准《碳钢焊条》GB/T 5117、《低合金钢焊条》GB/T 5118 的规定。选用的焊条型号应与主体金属相匹配。

（2）自动焊接或半自动焊接采用的焊丝和焊剂，应与主体金属强度相适应，焊丝应符合《熔化焊用钢丝》GB/T 14957 或《气体保护焊用钢丝》GB/T 14958 的规定。

（3）锚筋（HRB400 级钢筋）与锚板（Q235B 级钢）之间的焊接，可采用 T50X 型。Q235B 级钢之间的焊接可采用 T42 型。

第二节　常用模板及支撑材料

一、木模板、木方

（一）模板

所用模板为 12mm 或 15mm 厚竹、木胶板，材料各项性能指标必须符合要求。竹、木胶板的力学性能见下面两表。

覆面竹胶板的力学性能		
规格	抗弯强度	弹性模量
12～15mm 厚胶板	37N/mm²(三层)	10584N/mm²
	35N/mm²	9898N/mm²

木胶板的力学性能		
规格	抗弯强度	弹性模量
12mm 厚木胶板	16N/mm²	4700N/mm²
15mm 厚木胶板	17N/mm²	5000N/mm²

（二）木方

木方的含水率不大于 20%。

霉变、虫蛀、腐朽、劈裂等不符合一等材质木方不得使用,木方(松木)的力学性能见下表。

木方(松木)的力学性能			
规格	剪切强度	抗弯强度	弹性模量
50mm×70mm	1.7N/mm²	17N/mm²	10000N/mm²

木材材质标准符合现行国家标准《木结构设计规范》GB 50005 的规定,详见下表。

模板结构或构件的木材材质等级		
项次	主要用途	材质等级
1	受拉或拉弯构件	Ⅰa
2	受压或压弯构件	Ⅱa
3	受压构件	Ⅲa

（三）木脚手板

选用 50mm 厚的松木质板,其材质符合现行国家标准《木结构设计规范》GB 50005 中对 Ⅱ 级木材的规定。木脚手板宽度不得小于 200mm;两头须用 8#铅丝打箍;腐朽、劈裂等不符合一等材质的脚手板禁止使用。

（四）垫板

垫板采用松木制成的木脚手板,厚度 50mm,宽度 200mm,板面挠曲 ≤ 12mm,板面扭曲 ≤ 5mm,不得有裂纹。

二、钢模板

（1）钢材的选用采用现行国家标准《碳素结构钢》GB 700 中的相关标准。一般采用 Q235 钢材。

（2）模板必须具备足够的强度、刚度和稳定性,能可靠地承受施工过程中的各种荷载,保证结构物的形状尺寸准确。模板设计中考虑的荷载为:

①计算强度时考虑:浇筑混凝土对模板的侧压力+倾倒混凝土时产生的水平荷载+振捣混凝土时产生的荷载。

②验算刚度时考虑:浇筑混凝土对模板的侧压力+振捣混凝土时产生的荷载。

③钢模板加工制作允许偏差。

钢模加工宜采用数控切割,焊接宜采用二氧化碳气体保护焊。

模板接触面平整度、板面弯曲、拼装缝隙、几何尺寸等应满足相关设计要求,允许偏差及检验方法应符合相关标准规定。

三、钢管及配件

（一）钢管

（1）选用 ϕ 48.3mm×3.6mm 焊接钢管,并符合《直缝电焊钢管》GB/T 13973 或《低压流体输送用焊接钢管》GB/T 3091 中规定的 Q235-A 级钢,其材性应符合《碳素结构钢》GB 700 的相应规定,用于立杆、横杆、剪刀撑和斜杆的长度为 4.0 ~ 6.0m。

（2）报废标准:钢管弯曲、压扁、有裂纹或严重锈蚀。

（3）安全色:防护栏杆为红白相间色。

Q235 钢材的强度设计值与弹性模量见下表。

Q235 钢材的强度设计值与弹性模量		
抗拉、抗弯 f_u	抗压 f_c	弹性模量 E
$205\,N/mm^2$	$205\,N/mm^2$	$2.06×105\,N/mm^2$

（二）扣件

（1）扣件采用机械性能不低于 KTH330-08 的可锻铸铁或铸钢制造，并应满足《钢管脚手架扣件》GB 15831 的规定。铸件不得有裂纹、气孔。

（2）扣件与钢管的贴合面必须严格整形，保证与钢管扣紧时接触良好，当扣件夹紧钢管时，开口外的最小距离不小于 5mm。

扣件活动部位能灵活转动，旋转扣件的两旋转面间隙小于 1mm。扣件表面进行防锈处理。

扣件螺栓拧紧扭力矩值不应小于 40N·m，且不应大于 65N·m。

（三）U 形托撑

力学指标必须符合规范要求：U 形可调托撑受压承载力设计值不小于 40kN，支托板厚度不小于 5mm。螺杆外径不得小于 36mm，直径与螺距应符合现行国家标准《梯形螺纹第 2 部分：直径与螺距系列》GB/T 5796.2 和《梯形螺纹第 2 部分：直径与螺距系列》GB/T 5796.3 的规定。螺杆与支托板焊接应牢固，焊缝高度不得小于 6mm，螺杆与螺母旋合长度不得少于 5 扣，螺母厚度不得小于 30mm。

（四）钢管脚手架系统的检查与验收

钢管应有产品质量合格证并符合相关规范规定要求，扣件的质量应符合相关规定的使用要求，木脚手板的宽度不宜小于 200mm，厚度不小于 50mm，可调托撑及构配件质量应符合规范要求。

（1）新钢管的检查应符合下列规定：

①应有产品质量合格证；

②应有质量检验报告，钢管材质检验方法符合现行国家标准《金属拉伸试验方法》GB/T 228 的有关规定；

③钢管质量符合现行行业标准《建筑施工扣件式钢管脚手架安全技术规范》JGJ 130 中 3.1.1 的规定；

④钢管表面应平直光滑,不得有裂缝、结疤、分层、错位、硬弯、毛刺、压痕和深的划道;

⑤钢管外径壁厚端面等的偏差分别符合下表的规定。

允许偏差表			
序号	项目	允许偏差 Δ（mm）	检查工具
1	焊接钢管尺寸（mm） 外径48.3；壁厚3.6	±0.5 ±0.36	游标卡尺
2	钢管两端面切斜偏差	1.70	塞尺、拐角尺
3	钢管外表面锈蚀深度	≤0.18	游标卡尺
4	a. 各种杆件钢管的端部弯曲，$L \leqslant 1.5m$	≤5	钢板尺
	b. 立杆钢管弯曲 $3m < L \leqslant 4m$；$4m < L \leqslant 6.5m$	≤12 ≤20	
	c. 水平杆、斜杆的钢管弯曲，$L \leqslant 6.5m$	≤30	
5	冲压钢脚手板 a. 板面挠曲，$L \leqslant 4m$；$L > 4m$	≤12 ≤16	钢板尺
	冲压钢脚手板 b. 板面扭曲（任一角翘起）	≤5	
6	可托撑支托板变形	1.0	钢板尺 塞尺

⑥钢管必须涂有防锈漆。

（2）旧钢管的检查应符合下列规定：

①表面锈蚀深度符合《建筑施工扣件式钢管脚手架安全技术规范》JGJ 130 表8.1.8 的规定。

②检查时在锈蚀严重的钢管中抽取三根,在每根锈蚀严重的部位横向截断取样检查,当锈蚀深度超过规定值时不得使用。

③钢管弯曲变形符合允许偏差的规定。

（3）扣件的验收符合下列规定：

①新扣件应有生产许可证法定检测单位的测试报告和产品质量合格证,当对扣件质量有怀疑时,按现行国家标准《钢管脚手架扣件》GB 15831 的规定抽样检测。

②旧扣件使用前应进行质量检查,有裂缝变形的严禁使用,出现滑丝的螺栓必须更换。

③新旧扣件均进行防锈处理。

④螺栓拧紧扭力矩达到 65N·m 时,不得发生破坏。

(4)木脚手板的检查符合下列规定:

木脚手板的宽度不宜小于 200mm,厚度不小于 50mm,腐朽的脚手板不得使用。

(5)可调托撑:

可调托撑外径不得小于 36mm;螺杆与支托板焊接应牢固,焊缝高度不得小于 6mm;可调托撑螺杆与螺母旋合长度不得少于 5 扣,螺母厚度不得小于 30mm;可调托撑受压承载力设计值不应小于 40kN,支托板厚度不应小于 5mm。

四、独立钢支撑、斜撑

(一)主要构配件

(1)独立钢支柱支撑系统由独立钢支柱支撑、水平杆或三脚架组成。

独立钢支柱支撑由插管、套管和支撑头组成,分为外螺纹钢支柱和内螺纹钢支柱。套管由底座、套管、调节螺管和调节螺母组成。插管由开有销孔的钢管和销栓组成。支撑头可采用板式顶托或 U 形托撑。

(2)连接杆宜采用普通钢管,钢管应有足够的刚度。三脚架宜采用可折叠的普通钢管制作,应具有足够的稳定性。

(二)材料要求

(1)独立钢支柱支撑的主要构配件材质应符合下表的规定。

独立钢支柱的主要构配件材质						
名称	插管	套管	调节螺管	调节螺母	销栓	底座	支撑头
材质	Q235B 或 Q345	Q235B 或 Q345	20 号无缝钢管	ZG270 -500	镀锌热轧光圆钢筋	Q235B	Q235B

(2)插管、套管应符合现行国家标准《直缝电焊钢管》GB/T 13793、《低压流体输送用焊接钢管》GB/T 3091 中的 Q235B 或 Q345 级普通钢管的要求,其材质性能应符合现行国家标准《碳素结构钢》GB/T 700 或《低合金高强度结构钢》GB/T

1591 的规定。

插管规格宜为 ϕ 48.3mm×2.6mm,套管规格宜为 ϕ 57mm×2.4mm,钢管壁厚(t)允许偏差为±10%。插管下端的销孔宜采用 ϕ 13mm、间距125mm 的销孔,销孔应对称设置;插管外径与套管内径间隙应小于2mm;插管与套管的重叠长度不小于280mm。

(3)底座宜采用钢板热冲压整体成型,钢板性能应符合现行国家标准《碳素结构钢》GB/T 700 中 Q235B 级钢的要求,并经 600~650℃的时效处理。底座尺寸宜为 150mm×150mm,板材厚度不得小于6mm。

(4)支撑头宜采用钢板制造,钢板性能应符合现行国家标准《碳素结构钢》GB/T 700 中 Q235B 级钢的要求。支撑头尺寸宜为 150mm×150mm,板材厚度不得小于6mm。支撑头受压承载力设计值不应小于40kN。

(5)调节螺管规格应不小于 57mm×3.5mm,应采用 20 号无缝钢管,其材质性能应符合现行国家标准《结构用无缝钢管》GB/T 8162 的规定。调节螺管的可调螺纹长度不小于210mm,孔槽宽度不应小于13mm,长度宜为130mm,槽孔上下应居中布置。

(6)调节螺母应采用铸钢制造,其材料机械性能应符合现行国家标准《一般工程用铸造碳钢件》GB11352 中 ZG270-500 的规定。调节螺母与可调螺管啮合不得少于6扣,调节螺母高度不小于40mm,厚度应不小于10mm。

(7)销栓应采用镀锌热轧光圆钢筋,其材料性能应符合现行国家规范《钢筋混凝土用钢第1部分热轧光圆钢筋》GB 1499.1 的相关规定。销栓直径宜为 ϕ 12mm,抗剪承载力不应小于60kN。

(三)质量要求

(1)构配件应由专业厂家负责生产。生产厂家应对构配件外观和允许偏差项目进行质量检查,并应委托具有相应检测资质的机构对构配件进行力学性能试验。

(2)构配件应按照现行国家标准《计数抽样检验程序第 1 部分:按接收限(AQL)检索的逐批检验抽样计划》GB/T 2828.1 的有关规定进行随机抽样。

(3)构配件外观质量应符合下列要求:

插管、套管应光滑、无裂纹、无锈蚀、无分层、无结疤、无毛刺等,不得采用横断面接长的钢管;插管、套管钢管应平直,直线度允许偏差不应大于管长的1/500,两端应平整,不得有斜口、毛刺;各焊缝应饱满,焊渣应清除干净,不得有未焊透、夹渣、咬边、裂纹等缺陷。

构配件防锈漆涂层应均匀,附着应牢固,油漆不得漏、皱、脱、淌;表面镀锌的构配件,镀锌层应均匀一致。

主要构配件上应有不易磨损的标识,应标明生产厂家代号或商标、生产年份、产品规格和型号。

(四)国内部分独立钢支撑技术参数

(1)独立钢支撑一般用工具式钢管立柱性能 CH 型和 YJ 型工具式钢管支柱,其规格和力学性能应符合下面两表的规定。

CH、YJ 型钢管支柱规格						
型号 项目	CH			YJ		
	CH-65	CH-75	CH-90	YJ-18	YJ-22	YJ-27
最小使用长度(mm)	1812	2212	2712	1820	2220	2720
最大使用长度(mm)	3062	3462	3962	3090	3190	3990
调节范围(mm)	1250	1250	1250	1270	1270	1270
螺旋调节范围(mm)	170	170	170	70	70	70
容许荷载 最小长度时(kN)	20	20	20	20	20	20
最大长度时(kN)	15	15	12	15	15	12
重量(kN)	0.124	0.132	0.148	0.1387	0.1499	0.1639

CH、YJ 型钢管支柱力学性能						
项目	直径(mm)		壁厚 (mm)	截面面积 (mm²)	惯性矩 I (mm⁴)	回转半径 i (mm)
	外径	内径				
CH 插管	48.6	43.8	2.4	348	93200	16.4
套管	60.5	55.7	2.4	438	185100	20.6
YJ 插管	48	43	2.5	357	92800	16.1
套管	60	55.4	2.3	417	173800	20.4

(2)斜支撑为安装剪力墙结构中内墙板和外墙板、框架结构中外挂板时的固定支撑,其技术标准见下面两表:

内墙支撑规格（mm）								
调节长度		外管			内管			插销
最短长度	最长长度	外径	长度	壁厚	外径	长度	壁厚	直径
2000	3000	ϕ 60	1385	2	ϕ 48	1998	2	ϕ 14
承载力 13～22kN								

外墙支撑规格（mm）								
调节长度		外管			内管			插销
最短长度	最长长度	外径	长度	壁厚	外径	长度	壁厚	直径
2000	3000	ϕ 60	1385	2	ϕ 48	1998	2	ϕ 14
900	1500	ϕ 60	850	2	ϕ 48	920	2	ϕ 14
承载力 13～22kN								

第三节　保温材料、拉接件和预留预埋件

一、保温材料

预制混凝土墙体保温形式主要有外保温、内保温和墙体自保温三种形式,其中夹心外墙板多采用挤塑聚苯板或聚氨酯保温板。

(1)挤塑聚苯板主要性能指标应符合下表的要求,其他性能指标应符合《绝热用模塑聚苯乙烯泡沫塑料》GB/T 10801.1 标准要求。

挤塑聚苯板性能指标要求			
项目	单位	性能指标	试验方法
密度	kg/m³	30 ~ 35	GB/T 6364
导热系数	W/(m·k)	≤0.03	GB/T 10294
压缩强度	MPa	≥0.2	GB/T 8813
燃烧性能	级	不低于 B2 级	GB/T 8624
尺寸稳定性	%	≤2.0	GB/T 8811
吸水率(体积分数)	%	≤1.5	GB/T 8810

（2）聚氨酯保温板主要性能指标应符合下表的要求,其他性能指标应符合《聚氨酯硬泡复合保温板》JG/T 314 标准要求。

聚氨酯保温板性能指标要求			
项目	单位	性能指标	试验方法
表现密度	kg/m³	32	GB/T 6364
导热系数	W/(m·k)	≤0.024	GB/T 10294
压缩强度	MPa	≥0.15	GB/T 8813
拉伸强度	MPa	≥0.15	GB/T 9641
吸水率(体积分数)	%	≤3	GB/T 8810
燃烧性能	级	不低于 B2 级	GB/T 8624
尺寸稳定性	%	80℃ 48h≤1.0	GB/T 8811
		−30℃ 48h≤1.0	

二、墙板保温拉接件

（1）墙板保温拉接件是用于连接预制保温墙体内、外层混凝土墙板,传递墙板剪力,以使内外层墙板形成整体的连接器。

（2）拉接件多选用纤维增强复合材料或不锈钢加工制成。夹心外墙板中,内外叶墙板的拉接件应符合下列规定:

①金属及非金属材料拉接件均应具有规定的承载力、变形和耐久性能,并应经过试验验证。拉接件应满足防腐和耐久性要求。

②拉接件应满足夹心外墙板的节能设计要求。

③不锈钢连接件的性能参照相关标准和试验数据,或参考相关国外技术标准。例如哈芬 SPA 夹芯板锚固件按照德国标准最小抗拉强度 800MPa、最小抗压强度 480MPa 进行检验。

(3)拉接件宜选用玻璃纤维增强非金属连接件,应满足防腐和耐久性要求,玻璃纤维连接件性能指标应符合下表的规定。

玻璃纤维连接件性能			
项目	单位	性能指标	试验方法
拉伸强度	MPa	≥600	GB/T 1447
拉伸弹性模量	GPa	≥35	GB/T 1447
弯曲强度	MPa	≥600	GB/T 1449
弯曲弹性模量	GPa	≥35	GB/T 1449
剪切强度	MPa	≥50	ASTM D2344/D2344M-00(2006)
导热系数	W/(m·k)	≤2.0	GB/T 10294

三、预留预埋件

(一)预埋件

通常预埋件由锚板和锚筋(直锚筋、弯折锚筋)组成。

其中受力预埋件的锚筋多为 HRB400 或 HPB300 钢筋,很少采用冷加工钢筋。

预埋件的受力直锚筋不应少于四根,且不宜多于四排。其直径不应小于 8mm,且不宜大于 25mm。受剪切预埋件的直锚筋可采用两根。受力锚板的锚板宜采用 Q235、Q345 钢材。直锚筋与锚板应采用 T 形焊。

预埋件的锚筋位置应位于构件外层主筋的内侧。采用手工焊接时,焊缝高度不应小于 6mm 和 0.5d(HPB300 级)或 0.6d(HRB400 级)。

（二）吊环

传统吊环根据构件的大小、截面尺寸,确定在构件内的深入长度、弯折形式。吊环应采用 HPB300 级钢筋弯制,严禁使用冷加工钢筋。

吊环的弯心直径为 $2.5d$,且不得小于 60mm。吊环锚入混凝土的深度不应小于 $30d$,并应焊接或绑扎在钢筋上。埋深不够时,可焊接在主筋上。

（三）新型预埋件

目前在预制构件中使用了大量的新型预埋件,例如圆形吊钉、内螺旋吊点、卡片式吊点等,具有隐蔽性强、后期处理简单等优点。但需通过专门的接驳器,才能与传统的卡环、吊钩连接使用。

使用前,要根据构件的尺寸、重量,经过受力计算后,选择适合的吊点,确保使用安全。

（四）预留管线（盒）

叠合板中的预留:主要有上下水管、通风道等孔洞预留。
内外墙板中预留:主要是线盒、闸室、与现浇叠合层管线对接口等孔洞预留。

（五）其他要求

(1)预埋件的材料、品种、规格、型号应符合国家相关标准规定和设计要求。
预埋件的防腐防锈应满足现行国家标准《工业建筑防腐蚀设计规范》GB 50046 和《涂装前钢材表面锈蚀等级和防锈等级》GB/T 8923 的规定。
(2)管线的材料、品种、规格、型号应符合国家相关标准规定和设计要求。
管线的防腐防锈应满足现行国家标准《工业建筑防腐蚀设计规范》GB 50046 和《涂装前钢材表面锈蚀等级和防锈等级》GB/T 8923 的规定。

第四节 钢筋连接套筒及灌浆料

一、钢筋连接套筒

（一）概念及分类

通过水泥基灌浆料的传力作用将钢筋对接连接所用的金属套筒称为钢筋连接套筒，通常采用铸造工艺或者机械加工工艺制造。

装配整体式混凝土结构中构件连接使用的钢筋连接套筒，一般分为全灌浆连接套筒、半灌浆连接套筒；还有异型套筒，如变直径钢筋连接套筒等。

全灌浆连接套筒上下两端均为插入钢筋灌浆连接；半灌浆套筒一端为直螺纹套丝连接，一端为插入钢筋灌浆连接。其中半灌浆套筒具有体积相对较小、价格较低的优点。

（二）套筒标志标识

套筒表面应刻印清晰、持久性标志，标志应至少包括厂家代号、套筒类型代号、特性代号、主参数代号及可追溯材料性能的生产批号等信息。套筒批号应与原材料检验报告、发货凭单、产品检验记录、产品合格证等记录相对应。

套筒的型号主要由类型代号、特征代号、主参数代号和产品更新变形代号组成。套筒型号表示如下：

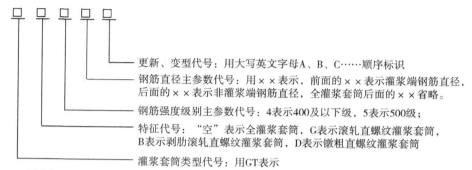

更新、变型代号：用大写英文字母A、B、C……顺序标识
钢筋直径主参数代号：用××表示，前面的××表示灌浆端钢筋直径，后面的××表示非灌浆端钢筋直径，全灌浆套筒后面的××省略。
钢筋强度级别主参数代号：4表示400及以下级，5表示500级；
特征代号："空"表示全灌浆套筒，G表示滚轧直螺纹灌浆套筒，B表示剥肋滚轧直螺纹灌浆套筒，D表示镦粗直螺纹灌浆套筒
灌浆套筒类型代号：用GT表示

示例：

连接400级钢筋、直径40mm的全灌浆套筒表示为：GT4 40。

连接500级钢筋、灌浆端直径为36mm、非灌浆端直径为32mm的剥肋滚轧直螺纹灌浆套筒表示为：GTB5 36/32A。

（三）要求

1.一般规定

（1）套筒应按设计要求进行生产，规格、型号、尺寸及公差应在按要求备案的企业标准中规定。

（2）套筒与钢筋组成的连接接头是承载受力构件，不可作为导电、传热的物体使用。

（3）套筒最大应力处的套筒屈服承载力和受拉承载力的标准值不应小于被连接钢筋的屈服承载力和受拉承载力标准值的1.1倍。

（4）套筒长度应根据试验确定，且灌浆连接端钢筋锚固长度不宜小于8倍钢筋直径，套筒中间轴向定位点两侧应预留钢筋安装调整长度，预制端不应小于10mm，现场装配端不应小于20mm。

（5）套筒出厂前应有防锈措施。

2.材料性能

（1）套筒采用铸造工艺制造时宜选用球墨铸铁，套筒采用机械加工工艺制造时宜选用优质碳素结构钢、低合金高强度结构钢、合金结构钢或其他经过检验确定符合要求的钢材。

（2）采用球墨铸铁制造的套筒，材料应符合GB/T 1348的规定，其材料性能应符合下表的规定。

球墨铸铁套筒的材料性能	
项目	性能指标
抗拉强度(MPa)	≥ 600
延伸率(%)	≥ 3%
球化率(%)	≥ 85%

（3）采用优质碳素结构钢、低合金高强度结构钢、合金结构钢加工的套筒,其材料的机械性能应符合 GB/T 699、GB/T 8162、GB/T 1591 和 GB/T 3077 的规定,同时应符合下表的规定。

各类钢套筒的材料性能	
项目	性能指标
屈服强度(MPa)	≥ 355
抗拉强度(MPa)	≥ 600
延伸率(%)	≥ 16

3. 尺寸偏差

套筒的尺寸偏差应符合下表的规定。

套筒尺寸偏差表			
序号	项目	铸造套筒	机械加工套筒
1	长度允许偏差	±(1% ×l) mm	±2.0mm
2	外径允许偏差	±1.5mm	±0.8mm
3	壁厚允许偏差	±1.2mm	±0.8mm
4	锚固段环形突起部分的内径允许偏差	±1.5mm	±1.0mm
5	锚固段环形突起部分的内径最小尺寸与钢筋公称直径差值	≥10mm	≥10mm
6	直螺纹精度	—	GB/T 197 中 6H 级

4. 外观

（1）铸造的套筒表面不应有夹渣、冷隔、砂眼、气孔、裂纹等影响使用性能的质量缺陷。

（2）机械加工的套筒表面不得有裂纹或影响接头性能的其他缺陷,套筒端面和外表面的边棱处应无尖棱、毛刺。

（3）套筒外表面应有清晰醒目的生产企业标识、套筒型号标志和套筒批号。

（4）套筒表面允许有少量的锈斑或浮锈，不应有锈皮。

5.连接接头性能

套筒形成接头的抗拉强度和变形性能应符合 JGJ 107 中 I 级接头的规定。

6.试验方法

（1）套筒。

套筒的试验方法应符合下表的规定。

序号	检验项目		取样数量	取样方法	试验方法	判定依据
1	材料性能	铸造套筒	抗拉强度，延伸率	2	按 GB/T 1348 制作随铸样块	GB/T 228.1	第5.2.2条
2			球化率	2	按 GB/T 13298 制作随铸样块	GB/T 9441	第5.2.2条
3		机械加工套筒	屈服强度，抗拉强度，延伸率	2	按 GB/T 2975 规定在原材料进场时取样	GB/T 228.1	第5.2.3条
4	套筒尺寸		长度	10%	按生产批次随机抽取	用游标卡尺或板尺测量	第5.3条
5			外径	10%	按生产批次随机抽取	用游标卡尺测量	第5.3条
6			壁厚	10%	按生产批次随机抽取	用卡钳测量内径，计算壁厚	第5.3条
7			突起部分内径	10%	按生产批次随机抽取	用游标卡尺或卡钳测量	第5.3条
8			螺旋中径，螺纹深度	10%	按生产批次随机抽取	用螺纹通、止塞规测量	第5.3条
9			螺纹小径	10%	按生产批次随机抽取	用游标卡尺测量	第5.3条
10			外观	10%	按生产批次随机抽取	目测	第5.4条
注：1.套筒外径应在同一截面垂直方向测两点，取其平均值。 2.壁厚的测量：在同一截面垂直方向测量套筒内径，取其平均值，通过外径、内径尺寸计算出壁厚。							

7.接头

（1）接头制作。

①制作接头试件前，应将钢筋、套筒、灌浆材料、拌和水、辅助机具等材料备齐。

②半灌浆套筒的接头应首先将套筒螺纹连接端与钢筋进行连接,钢筋丝头的加工与安装应满足 JGJ 107—2010 第 6 章的有关规定。

③对于每种型式、级别、规格、材料、工艺的钢筋连接灌浆接头,其型式检验试件不应少于 9 个,同时应另取 3 根钢筋试件做抗拉强度试验。全部试件用钢筋均应在同一根钢筋上截取。截取钢筋的长度应满足检测设备的要求,在待连接钢筋上按设计锚固长度做检查标志。

④进行灌浆连接时,应先将套筒按工程应用的方向进行固定,且套筒灌浆腔端口应设有防止浆料漏出的密封件,然后将灌浆连接钢筋沿套筒的轴线插入套筒灌浆腔,钢筋插入的深度达到要求后,将钢筋固定。

⑤按照灌浆材料的技术要求,将灌浆材料与定量的水混合,快速搅拌均匀制成浆料,静置 1~2 分钟,然后把浆料用专用的灌浆机具从灌浆孔处注入,直至浆料从连接套筒排浆孔处溢出,停止灌浆;按同样工序完成其他试件的灌浆。接头灌浆完成后,制作不少于 3 组(每组 3 块)的灌浆材料抗压强度检测试块。

⑥灌浆材料完全凝固后,取下接头试件,与灌浆材料抗压强度检测试块一起置于标准养护环境下养护 28 天。保养到期后进行接头试验前,应先进行 1 组灌浆料抗压强度的试验,灌浆料抗压强度达到接头设计要求时方可进行接头型式检验。若材料养护试件不足 28 天而灌浆料试块的抗压强度达到设计要求时,也可以进行接头型式检验。

(2)试验方法。

试验方法应按 JGJ 107 规定的型式检验方法进行。

8.检验规则

套筒检验分为出厂检验和型式检验。

(1)出厂检验。

①检验项目。

检验项目应符合规定。

②组批规则。

材料性能检验应以同钢号、同规格、同炉(批)号的材料作为一个验收批;套筒尺寸和外观应以连续生产的同原材料、同类型、同规格、同炉(批)号的 1000 个套筒为一个验收批,不足 1000 个套筒时仍可作为一个验收批。

③取样数量及取样方法。

取样数量及取样方法应符合规定。对于尺寸及外观检验,连续 10 个验收批一次性检验均合格时,抽检比例可由 10% 调整为 5%。

④判定规则。

在材料性能检验中,若2个试样均合格,则该批套筒材料性能判定为合格;若有1个试样不合格,则需另外加倍抽样复检,复检全部合格时,则仍可判定该批套筒材料性能为合格;若复检中仍有1个试样不合格,则该批套筒材料性能判定为不合格。

在套筒尺寸及外观检验中,若套筒试样合格率不低于97%时,则该批套筒判定为合格。当低于97%时,应另外抽双倍数量的套筒试样进行检验,当合格率不低于97%时,则该批套筒仍可判定为合格;若仍低于97%时,则该批套筒应逐个检验,合格者方可出厂。

(2)型式检验。

套筒的型式检验采用套筒和钢筋连接后的钢筋接头试件的形式进行。

①有下列情况之一时,一般应进行型式检验:

a. 套筒产品定型时;

b. 套筒材料、工艺、规格进行改动时;

c. 型式检验报告超过4年时;

d. 国家检验机构提出检验时。

②型式检验的检验项目、试件数量、检验方法和判定规则应符合 JGJ 107 的规定。

9. 标志、包装、运输和贮存

(1)标志。

①套筒表面应刻印清晰、持久性标志,标志应至少包括厂家代号、套筒类型代号、特性代号、主参数代号及可追溯材料性能的生产批号等信息。套筒批号应与原材料检验报告、发货凭单、产品检验记录、产品合格证等记录相对应。

②套筒包装箱上应有明显的产品标志,标志内容包括:

a. 套筒产品名称;

b. 执行标准;

c. 规格型号;

d. 数量;

e. 重量;

f. 生产批号;

g. 生产日期;

h. 生产厂家、地址和联系电话等。

（2）包装。

①套筒包装应符合 GB/T 9174 的规定。套筒应用纸箱、塑料编织袋或木箱按规格、批号包装，不同规格、批号的套筒不得混装。通常情况下，采用纸箱包装，纸箱强度应保证运输要求，箱外应用足够强度的包装带捆扎牢固。

②套筒出厂时应附有产品合格证。产品合格证内容应包括：

a. 产品名称；

b. 套筒型号、规格；

c. 适用钢筋强度级别；

d. 生产批号；

e. 材料牌号；

f. 数量；

g. 检验结论；

h. 检验合格签章；

i. 企业名称、邮编、地址、电话、传真。

③出口产品或特殊情况下，按订货商的要求进行包装和刻印标志。

④有较高防潮要求时，应用防潮纸将套筒逐个包裹后，装入木箱内。

（3）运输和贮存。

①套筒在运输过程中应有防水、防雨措施。

②套筒应贮存在具有防水、防雨的环境中，并按规格型号分别码放。

二、灌浆料

钢筋连接用灌浆套筒灌浆料以水泥为基本材料，配以适当的细骨料以及混凝土外加剂和其他材料组成的干混料，加水搅拌后具有良好的流动性、早强、高强、微膨胀等性能。填充于套筒和带肋钢筋间隙之间，起到传递受力、握裹连接钢筋于同一点的作用。

套筒灌浆料应符合现行行业标准《钢筋连接用套筒灌浆料》JG/T 408 的规定。钢筋套筒灌浆连接接头应符合现行行业标准《钢筋套筒灌浆连接应用技术规程》JGJ 355 的规定。

第五节　外墙装饰材料及防水材料

一、外墙装饰材料

预制外墙板可采用涂料饰面,也可采用面砖或石材饰面。涂料和面砖等外装饰材料质量应满足现行相关标准和设计要求。

当采用面砖饰面时,宜选用背面带燕尾槽的面砖,燕尾槽尺寸应符合工程设计和相关标准要求。

当采用石材饰面时,对于厚度30mm以上的石材,应对石材背面进行处理,并安装不锈钢卡勾,卡勾直径不应小于40mm。

二、外墙防水密封材料

外墙接缝材料防水密封对密封材料的性能有一定要求。用于板缝材料防水的合成高分子材料,主要品种有硅酮密封胶、聚硫建筑密封胶、丙烯酸酯建筑密封胶、聚氨酯建筑密封胶等几种。主要性能要求如下。

(一)较强黏结性能

与基层黏结牢固,使构件接缝形成连续防水层。同时要求密封胶用于竖缝部位时不下垂,用于平缝时能够自流平。

(二)良好的弹塑性

由于外界环境因素的影响,外墙接缝会随之发生变化,这就要求防水密封材料必须有良好的弹塑性,以适应外力的条件而不发生断裂、脱落等。

（三）较强的耐老化性能

外墙接缝材料要承受暴晒、风雪及空气中酸碱的侵蚀。这就要求密封材料要有良好的耐候性、耐腐蚀性。

（四）施工性能

要求密封胶有一定的储存稳定性，在一定期内不应发生固化，便于施工。

（五）装饰性能

防水密封材料还应具有一定的色彩，达到与建筑外装饰的一致性。

墙板接缝所用的防水密封材料应选用耐候性密封胶，密封胶应与混凝土具有兼容性，并具有低温柔性、防霉性及耐水性等性能，其最大伸缩变形量、剪切变形性等均应满足设计要求。其性能应满足现行国家标准《混凝土建筑接缝用密封胶》JC/T 881 的规定。

硅酮、聚氨酯、聚硫建筑密封胶应分别符合现行国家标准《硅酮建筑密封胶》GB/T 14683、《聚氨酯建筑密封胶》JC/T 482、《聚硫建筑密封胶》JC/T 483 的规定。接缝中的背衬应采用发泡氯丁橡胶或聚乙烯塑料棒。

第四章 装配式建筑基础的类型与施工

第一节 基础类型与构造

装配式建筑的基础一般都采用钢筋混凝土基础,所以装配式建筑的基础与普通钢筋混凝土结构建筑的基础无太大差异,装配式建筑基础类型与构造如下。

一、装配式建筑基础的类型

由于装配式建筑基础与钢筋混凝土结构建筑基础无太大差异,下面也把装配式建筑的常用基础分为桩基础和浅基础,具体划分结构见下表。

装配式建筑常用基础类型					
浅基础			桩基础		
条形基础	独立基础	筏板基础	钢桩	混凝土预制桩	锤击沉桩

装配式建筑基础构造的具体内容见下表。

装配式建筑基础的构造内容		
名称	内　容	图例
条形基础	当地基较为软弱、柱荷载或地基压缩性分布不均匀，以至于采用扩展基础可能产生较大的不均匀沉降时，常将同一方向（或同一轴线）上若干柱子的基础连成一体而形成柱下条形基础	
独立基础	建筑物上部结构采用框架结构或单层排架结构承重时，基础常采用圆柱形和多边形等形式的独立式基础，这类基础称为独立式基础，也称单独基础	
筏板基础	筏板基础又叫筏板型基础，即满堂基础或满堂红基础，即把柱下独立基础或者条形基础全部用联系梁联系起来，下面再整体浇筑底板。其由底板、梁等整体组成	
钢桩	钢桩适用于一般钢管桩或 H 型钢桩基础工程	
混凝土预制桩	提前在预制厂用钢筋、混凝土经过加工后得到的桩	

名称	内 容	图例
锤击沉桩	锤击沉桩是利用桩锤下落时的瞬时冲击机械能,克服土体对桩的阻力,使其静力平衡状态遭到破坏,致桩体下沉,达到新的静压平衡状态,如此反复地锤桩头,桩身也就不断地下沉。锤击沉桩是预制桩最常用的沉桩方法	

第二节　地基的定位与放线

一、建筑定位的基本方法

建筑四周外廓主要轴线的交点决定了建筑在地面上的位置,称为定位点或角点。建筑物的定位就是根据设计条件将建筑物四周外廓主要轴线的交点测设到地面上,作为基础放线和细部轴线放线的依据。由于设计条件和现场条件不同,建筑物的定位方法也有所不同,以下为三种常见的定位方法。

(一)根据控制点定位

如果待定位建筑物的定位点设计坐标已知,且附近有高级控制点可供利用,可根据实际情况选用极坐标法、角度交会法或距离交会法来测设定位点。在这三种方法中,极坐标法是用得最多的一种定位方法。

(二)根据建筑方格网和建筑基线定位

如果待定位建筑物的定位点设计坐标已知,并且建筑场地已设有建筑方格网或建筑基线,可利用直角坐标法测设定位点。

（三）根据与原有建筑物和道路的关系定位

如果设计图上只给出新建筑物与附近原有建筑物或道路的相互关系,而没有提供建筑物定位点的坐标,周围又没有测量控制点、建筑方格网和建筑基线可供利用,可根据原有建筑物的边线或道路中心线将新建筑物的定位点测设出来。

测设的基本方法如下:在现场先找出原有建筑的边线或道路中心线,再用全站仪或经纬仪和钢尺将其延长、平移、旋转或相交,得到新建筑的一条定位直线,然后根据这条定位轴线,测设新建筑的定位点。

二、定位标志桩的设置

依照上述定位方法进行定位的结果是测定出建筑物的四廓大角桩,进而根据轴线间距尺寸沿四廓轴线测出各细部轴线桩。但施工中要干挖基槽或基坑,必然会把这些桩点破坏掉。为了保证挖槽后能够迅速、准确地恢复这些桩位,一般采取先测设建筑物四廓各大角的控制桩,即在建筑物基坑外 1~5m 处,测设与建筑物四廓平行的建筑物控制桩(俗称保险桩,包括角桩、细部轴线引桩等构成建筑物控制网),作为进行建筑物定位和基坑开挖后开展基础放线的依据。

三、放线

建筑物四廓和各细部轴线测定后,即可根据基础图及土方施工方案用内灰撒出灰线,作为开挖土方的依据。

放线工作完成后要进行自检,自检合格后应提请有关技术部门和监理单位进行验线。验线时首先检查定位依据桩有无变动及定位条件的几何尺寸是否正确,然后检查建筑物四廓尺寸和轴线间距,这是保证建筑物定位和自身尺寸正确性的重要措施。

对于沿建筑红线兴建的建筑物在放线并自检以后,除了提请有关技术部门和监理单位进行验线以外,还要由城市规划部门验线,合格后方可破土动工,以防新建建筑物压红线或超越红线的情况发生。

四、基础放线

根据施工程序,基槽或基坑开挖完成后,要做基础垫层。当垫层做好后,要在垫层上测设建筑物各轴线、边界线、基础墙宽线和柱位线等,并以墨线弹出作为标志,这项测量工作称为基础放线,又俗称为撂底。这是最终确定建筑物位置的关键环节,应在对建筑物控制桩进行校核并合格的情况下,再依据它们仔细施测出建筑物主要轴线,再经闭合校核后,详细放出细部轴线,所弹墨线应清晰、准确,精度要符合《砌体结构工程施工质量验收规范》GB 50203—2011 中的有关规定,基础放线、验线的误差要求见下表。

基础放线尺寸的允许偏差			
长度 L、宽度 B 的尺寸(m)	允许偏差	长度 L、宽度 B 的尺寸(m)	允许偏差
$L(B) \leqslant 30$	±5	$60 < L(B) \leqslant 90$	±15
$30 < L(B) \leqslant 60$	±10	$90 < L(B)$	±20

第三节　钢筋混凝土基础的施工

关于钢筋混凝土基础的施工,下面以条形基础、独立基础、筏板基础的施工做法为例进行解读,具体操作细节如下。

一、条形基础施工

施工流程:模板的加工及配装→基础浇筑→基础养护。

(一)模板的加工及拼装

基础模板一般由侧板、斜撑、平撑组成。

经验指导:基础模板安装时,先在基槽底弹出基础边线,再把侧板对准边线垂直竖立,校正调平无误后,用斜撑和平撑钉牢。如基础较大,可先立基础两端的两侧板,校正后在侧板上口拉通线,依照通线再立中间的侧板。当侧板高度大于基础台阶高度时,可在侧板内侧按台阶高度弹准线,并每隔 2m 左右在准线上钉圆钉,作为浇捣混凝土的标志。

(二)基础浇筑

基础浇筑分段分层连续进行,一般不留施工缝。

当条形基础长度较大时,应考虑在适当的部位留置贯通后浇带,以避免出现温度收缩裂缝,便于进行施工分段流水作业;对超厚的条形基础,应考虑降低水泥水化热和浇筑入模的湿度措施,以免出现过大温度收缩应力,导致基础底板裂缝。

(三)基础养护

基础浇筑完毕,表面应覆盖和洒水养护不少于 14d,必要时应用保温养护措施,并防止浸泡地基。

(四)条形基础施工的注意事项

(1)地基开挖如有地下水,应人工降低地下水位至基坑底 50cm 以下部位,保持在污水的情况下进行土方开挖和基础结构施工。

(2)侧模在混凝土强度下保证其表面积棱角不因拆除模板而受损坏后可拆除,底模的拆除根据早拆体系中的规定进行。

二、独立基础施工

施工流程:清理及垫层浇筑→独立基础钢筋绑扎→模板安装→清理→混凝土浇筑→混凝土振捣→混凝土找平→混凝土养护。

(一)清理及垫层浇筑

地基验槽完成后,清除表面浮土及扰动土,不留积水,立即进行垫层混凝土施工。垫层混凝土必须振捣密实,表面平整,严禁晾晒基土。

（二）独立基础钢筋绑扎

垫层浇灌完成后，混凝土达到 1.2MPa 后，表面弹线进行钢筋绑扎，钢筋绑扎不允许漏扣，柱插筋弯钩部分必须与底板筋成 45 度角绑扎，连接点处必须全部绑扎，距底板 5cm 处绑扎第一个箍筋，距基础顶 5cm 处绑扎最后一个箍筋，作为标高控制筋及定位筋。柱插筋最上部再绑扎一道定位筋，上下箍筋及定位箍筋绑扎完成后将柱插筋调整到位，并用井字木架临时固定，然后绑扎剩余箍筋，保证柱插筋不变形走样，两道定位筋在基础混凝土浇筑完成后，必须进行更换。

（三）模板安装

钢筋绑扎及相关施工完成后立即进行模板安装，模板采用小钢模或木模，利用架子管或木方加固。锥形基础坡度小于 30 度角时，采用斜模板支护，利用螺栓与底板钢筋拉紧，防止上浮，模板上设透气和振捣孔；坡度不大于 30 度角时，利用钢丝网（间距 30cm）防止混凝土下坠，上口设井字木控制钢筋位置。不得用重物冲击模板，不准在吊帮的模板上搭设脚手架，保证模板的牢固和严密。

（四）清理

清除模板内的木屑、泥土等杂物，木模浇水湿润，堵严板缝和孔洞。

（五）混凝土浇筑

混凝土浇筑应分层连续进行，间歇时间不超过混凝土初凝时间，一般不超过 2h，为保证钢筋位置正确，先浇一层 5～10cm 混凝土固定钢筋。

（六）混凝土振捣

混凝土振捣：采用插入式振捣器，插入的间距不大于振捣器作用部分长度的 1.25 倍。上层振捣棒插入下层 3～5cm。尽量避免碰撞预埋件、预埋螺栓，防止预埋件移位。

（七）混凝土找平

混凝土浇筑后，表面比较大的混凝土，使用平板振捣器振一遍，然后用刮杆刮平,再用木抹子搓平。收面前必须校核混凝土表面标高,不符合要求处立即整改。

(八)混凝土养护

已浇筑完的混凝土,应在 12h 内覆盖和浇水。一般常温养护不得少于 7d,特种混凝土养护不得少于 14d。养护设专人检查落实,防止由于养护不及时,造成混凝土表面裂缝。

(九)独立基础施工要点总结

(1)顶板的弯起钢筋、负弯矩钢筋绑扎好后,应做保护,不准在上面踩踏行走。浇筑混凝土时派钢筋工专门负责修理,保证负弯矩筋位置的正确性。

(2)混凝土泵送时,注意不要将混凝土泵车料内剩余混凝土降低到 20cm,以免吸入空气。

(3)控制坍落度,在搅拌站及现场专人管理,每隔 2~3h 测试一次。

三、筏板基础施工

接钢管,并符合《直缝电焊钢管》C

施工流程:模板加工及拼装→钢筋制作和绑扎→混凝土浇筑、振捣及养护。

(一)模板加工及拼装

(1)模板通常采用定型组合钢模板、U 型环连接。垫层面清理干净后,先分段拼装,模板拼装前先刷好隔离剂(隔离剂主要用机油)。

外围侧模板的主要规格为 1500mm×300mm、1200mm×300mm、900mm×300mm、600mm×300mm。模板支撑在下部的混凝土垫层上,水平支撑用钢管及圆木短柱、木楔等支在四周基坑侧壁上。

基础梁上部比筏板面高出 50mm 的侧模用 100mm 宽组合钢模板拼装,用钢丝拧紧,中间用垫块或钢筋头支撑,以保证梁的截面尺寸。模板边的顺直拉线校正,轴线、截面尺寸根据垫层上的弹线检查校正。模板加固检验完成后,用水准仪定标高,在模板面上弹出混凝土上表面平线,作为控制混凝土标高的依据。

(2)拆模的顺序为先拆模板的支撑管、木楔等,松连接件,再拆模板,清理,分类归堆。拆模前混凝土要达到一定强度,保证拆模时不损坏棱角。

（二）钢筋制作和绑扎

（1）对于受力钢筋，HPB300 钢筋末端（包括用作分布钢筋的光圆钢筋）做 180 度弯钩，弯弧内直径不小于 $2.5d$，弯后的平直段长度不小于 $3d$。对于螺纹钢筋，当设计要求做 90 度或 135 度弯钩时，弯弧内直径不小于 $5d$。对于非焊接封闭筋，末端做 135 度弯钩，弯弧内直径除不小于 $2.5d$ 外，还不应小于箍筋内受力纵筋直径，弯后的平直段长度不小于 $10d$。

（2）钢筋绑扎施工前，在基坑内搭设高约 4m 的简易暖棚，以遮挡雨雪及保持基坑气温，避免垫层混凝土在钢筋绑扎期间遭受冻害。立柱用 ϕ 50 钢管，间距为 3.0m，顶部纵横向平杆均为 ϕ 50 钢管，组成的管网孔尺寸为 $1.5m \times 1.5m$，其上铺木板、方钢管等，在木板上覆彩条布，然后满铺草帘。棚内照明用普通白炽灯泡，设两排，间距 5m。

（3）基础梁及筏板筋的绑扎流程：弹线→纵向梁筋绑扎、就位→筏板纵向下层筋布置→横向梁筋绑扎、就位→筏板横向下层筋布置→筏板下层网片绑扎→支撑马凳筋布置→筏板横向上层筋布置→筏板纵向上层筋布置→筏板上层网片绑扎。

（三）混凝土浇筑、振捣及养护

（1）浇筑的顺序按照工艺先后顺序进行，如建筑面积较大，应划分施工段，分段浇筑。

（2）搅拌时采用石子→水泥→砂→水泥→石子的投料顺序，搅拌时间不少于 90s，保证拌合物搅拌均匀。

（3）混凝土振捣采用插入式振捣棒。振捣时振动棒要快插慢拔，插点均匀排列，逐点移动，按序进行，以防漏振。插点间距约 40cm。振捣至混凝土表面出浆，不再泛气泡时即可。

（4）浇筑混凝土连续进行，若因非正常原因造成浇筑暂停，当停歇时间超过水泥初凝时间时，接槎处按施工缝处理。施工缝应留直槎，继续浇筑混凝土前对施工缝处理方法为：先剔除接槎处的浮动石子，再摊少量高强度等级的水泥砂浆，均匀撒开，然后浇筑混凝土，振捣密实。

（四）筏板基础施工要点总结

（1）开挖基坑应注意保持基坑底土的原状结构，尽量不要扰动。当采用机械开挖基坑时,在基坑地面设计标高以上保留 200~400mm 厚土层,采用人工挖除并清理干净。如果不能立即进行下道工序施工,应保留 100~200mm 厚土层,在下道工序施工前挖除,以防止地基土被扰动。在基坑验槽后,应立即浇筑混凝土垫层。

(2)基础浇筑完毕,表面应洒水养护,并防止浸泡地基。待混凝土强度达到设计强度的 25% 以上时,即可拆除梁的侧模。

当混凝土基础达到设计强度的 30% 时,应进行基坑回填。基坑回填应在四周同时进行,并按基底排水方向由高到低分层进行。

第四节　基础施工常见质量问题

一、基础筏板梁浇筑后存在龟裂缝

(1)施工现场基础筏板梁浇筑后存在龟裂缝。

(2)产生原因。

基础筏板出现龟裂缝的原因很多,主要有以下几点:

①底板太长,一次浇捣施工可能开裂,裂缝垂直于长向,裂缝之间距离大体相等,距离在 20~30m 之间,裂缝现在应该已经稳定了。该类裂缝属于温度变形裂缝,是施工不当。

②梁裂缝在跨中,板裂缝在板中部,向四角呈放射状。形成原因如下:

a. 设计时,地下水浮力考虑偏低,梁板承载力不够。

b. 施工中钢筋放少了、板厚不足或混凝土强度不足,属于偷工减料。

c. 在底板未达到混凝土强度时停止降水,在底板强度不足时承受过大地下水荷载造成开裂,属于施工技术不当。

③裂缝没有任何规则,属于混凝土本身原因,干缩过大,属于选材不当。

(3)解决方法。

属强度不足的,采用粘钢加固;强度没问题的,注浆堵漏加固。

①表面处理法:包括表面涂抹和表面贴补法。表面涂抹适用范围是浆材难以灌入的细而浅的裂缝、深度未达到钢筋表面的发丝裂缝、不漏水的缝、不伸缩的裂缝以及不再活动的裂缝。表面贴补(土工膜或其他防水片)法适用于大面积漏水

（蜂窝麻面等或不易确定具体漏水位置、变形缝）的防渗堵漏。

②填充法。用修补材料直接填充裂缝，一般用来修补较宽的裂缝（>0.3mm），作业简单，费用低。宽度小于0.3mm、深度较浅的裂缝，或是裂缝中有充填物，用灌浆法很难达到效果的裂缝，以及小规模裂缝的简易处理可先开 V 形槽，然后做填充处理。

③灌浆法：此法应用范围广，从细微裂缝到大裂缝均可适用，处理效果好。

④结构补强法。因超荷载产生的裂缝，若裂缝长时间不处理，导致混凝土的耐久性降低而影响结构强度，可采取结构补强法，包括断面补强法、锚固补强法、预应力法等。混凝土裂缝处理效果的检查包括修补材料试验、钻心取样试验、压水试验、压气试验等。

二、普通钢筋混凝土预制桩桩身断裂

（1）施工现场中钢筋混凝土预制桩桩身断裂。

（2）产生原因。

①桩身在施工中出现较大弯曲，在反复的集中荷载作用下，当桩身不能承受抗弯强度时，即产生断裂。桩身产生弯曲的原因如下：

a. 一节桩的细长比过大，沉入时，又遇到较硬的土层。

b. 桩制作时，桩身弯曲超过规定，桩尖偏离桩的纵轴线较大，沉入时桩身发生倾斜或弯曲。

c. 桩入土后，遇到大块坚硬障碍物，把桩尖挤向一侧。

d. 稳桩时不垂直，打入地下一定深度后，再用走桩架的方法校正，使桩身产生弯曲。

e. 采用"植桩法"时，钻孔垂直偏差过大。桩虽然是垂直立稳放入，但在沉桩过程中，桩又慢慢顺钻孔倾斜沉下而产生弯曲。

②桩在反复长时间打击中，桩身受到拉、压应力，当拉应力值大于混凝土抗拉强度时，桩身某处即产生横向裂缝，表面混凝土剥落，如拉应力过大，混凝土发生破碎，桩即断裂。

③制作桩的水泥强度等级不符合要求，砂、石中含泥量大或石子中有大量碎屑，使桩身局部强度不够，施工时在该处断裂。桩在堆放、起吊、运输过程中，也能产生裂纹或断裂。

④桩身混凝土强度等级未达到设计强度即进行运输与施打。

⑤在桩沉入过程中,某部位桩尖土软硬不均匀,造成突然倾斜。

(3)解决方法。当施工中出现断裂桩时,应及时会同设计人员研究处理办法。根据工程地质条件、上部荷载及桩所处的结构部位,可以采取补桩的方法。条基补一根桩时,可在轴线内、外补;补两根桩时,可在断桩的两侧补。柱基群桩时,补桩可在承台外对称补或承台内补。

三、钻孔灌注桩出现塌孔

(1)施工现场中钻孔灌注桩出现的问题。成孔后,孔壁局部塌落。

(2)产生原因。

①在有砂卵石、卵石或流塑淤泥质土夹层中成孔,这些土层不能直立而塌落。

②局部有上层滞水渗漏作用,使该层土坍塌。

③成孔后没有及时浇筑混凝土。

④出现饱和砂或干砂的情况下也易塌孔。

(3)解决方法。

①在砂卵石、卵石或流塑淤泥质土夹层等地基土处进行桩基施工时,应尽可能不采用干作业钻孔灌注桩方案,而应采用人工挖孔并加强护壁的施工方法或湿作业施工法。

②在遇有上层滞水可能造成的塌孔时,可采用以下两种办法处理:

a. 在有上层滞水的区域内采用电渗井降水。

b. 正式钻孔前一星期左右,在有上层滞水区域内,先钻若干个孔,深度透过隔水层到砂层,在孔内填进级配卵石,让上层滞水渗漏到下面的砂卵石层,然后再进行钻孔灌注桩施工。

c. 为核对地质资料、检验设备、施工工艺以及设计要求是否适宜,钻孔桩在正式施工前,宜进行"试成孔",以便提前做出相应的保证正常施工的措施。

d. 先钻至塌孔以下 $1 \sim 2m$,用豆石混凝土或低强度等级混凝土(C10)填至塌孔以上 $1m$,待混凝土初凝后,使填的混凝土起到护圈作用,防止继续坍塌,再钻至设计标高;也可采用3∶7灰土夯实代替混凝土。

e. 钻孔底部如有砂卵石、卵石造成的塌孔,可采用钻探的办法,保证有效桩长满足设计要求。

f. 采用中心压灌水泥浆护壁施工法,可解决滞水所造成的塌孔问题。

第五章　装配式混凝土结构施工关键技术

第一节　装配式混凝土结构施工技术概述

装配式混凝土结构是指由预制混凝土构件通过可靠的连接方式装配而成的混凝土结构。

一、装配式混凝土结构分类

装配式混凝土结构体系一般可概括为装配式混凝土剪力墙结构体系、装配式混凝土框架结构体系、装配式混凝土框架-剪力墙结构体系、装配式预应力混凝土框架结构体系等。各种结构体系的选择可根据具体工程的高度、平面、体型、抗震等级、设防烈度及功能特点来确定。

（一）装配式混凝土剪力墙结构体系

装配式混凝土剪力墙结构体系为将工程主要受力构件剪力墙、梁、板部分或全部由预制混凝土构件（预制墙板、叠合梁、叠合板）组成的装配式混凝土结构。其工业化程度高，房间空间完整，几乎无梁柱外露，可选择局部或全部预制，适用于住宅、旅馆等小开间建筑。

（二）装配式混凝土框架结构体系

装配式混凝土框架结构体系为混凝土结构全部或部分采用预制柱或叠合梁、叠合板、双 T 板等构件，竖向受力构件之间通过套筒灌浆形式连接，水平受力构件之间通过套筒灌浆或后浇混凝土形式连接，节点部位通过后浇或叠合方式形成可靠传力机制，并满足承载力和变形要求的结构形式。装配式框架结构体系工业化程度高，内部空间自由度好，可以形成大空间，满足室内多功能变化的需求，适用于办公楼、酒店、商务公寓、学校、医院等建筑。

（三）装配式混凝土框架-剪力墙结构体系

装配式混凝土框架-剪力墙结构体系是由框架与剪力墙组合而成的装配式结构体系，将预制混凝土柱、预制梁，以及预制墙体在工厂加工制作后运至施工现场，通过套筒灌浆或现浇混凝土等方法装配形成整体的混凝土结构形式。该体系工业化程度高，内部空间自由度较好，适用于高层、超高层的商用与民用建筑。

（四）装配式预应力混凝土框架结构体系

装配式预应力混凝土框架结构体系是指一种装配式、后张、有黏结预应力的混凝土框架结构形式。建筑的梁、柱、板等主要受力构件均在工厂加工完成，预制构件运至施工现场吊装就位后，将预应力筋穿过梁柱预留孔道，对其实施预应力张拉预压后灌浆，构成整体受力节点和连续受力框架。该体系在提升承载力的同时，能有效节约材料，可实现大跨度并最大限度满足建筑功能和空间布局。预应力框架的整体性及抗震性能较佳，有良好的延性和变形恢复能力，有利于震后建筑物的修复。在装配式预应力混凝土框架结构体系中，装配式预应力双 T 板结构体系应用较为广泛，其梁、板结合的预制钢筋混凝土承载构件由宽大的面板和两根窄而高的肋组成。其面板既是横向承重结构，又是纵向承重肋的受压区。在单层、多层和高层建筑中，双 T 板可以直接搁置在框架梁或承重墙上作为楼层或屋盖结构。预应力双 T 板跨度可达 20m 以上，如用高强轻质混凝土则可达 30m 以上。

二、装配式建筑结构部件

装配混凝土结构常用预制构件主要有预制混凝土柱、预制混凝土梁、预制混凝土楼板、预制混凝土墙板、预制混凝土双 T 板、预制混凝土楼梯、预制阳台、预制空调板等构件。

（一）预制混凝土柱

预制混凝土柱在工厂预制完成，为了结构连接的需要，需在端部留置插筋。

（二）预制混凝土梁

预制混凝土梁在工厂预制完成，有预制实心梁和预制叠合梁。为了结构连接的需要，预制梁在端部需要留置锚筋；叠合梁箍筋可采用整体封闭箍或组合式封闭箍筋。

（三）预制混凝土楼板

预制混凝土楼板包括预制实心混凝土板、预制混凝土叠合板。预制混凝土叠合板最常见的主要有两种：一种是桁架钢筋混凝土叠合板；另一种是预制预应力混凝土叠合板，包括预制实心平底板混凝土叠合板、预制带肋底板混凝土叠合板和预制空心底板混凝土叠合板等。

（四）预制混凝土墙板

预制混凝土墙板种类有预制混凝土实心剪力墙墙板、预制混凝土夹心保温剪力墙板、预制混凝土双面叠合剪力墙墙板、预制混凝土外挂墙板等。

（五）预制混凝土双 T 板

预制混凝土双 T 板是板、梁结合的预制钢筋混凝土承载构件，由宽大的面板和两根窄而高的肋组成。其面板既是横向承重结构，又是纵向承重肋的受压区。双 T 板屋盖有等截面和双坡变截面两种，前者也可用于墙板。在单层、多层和高层建筑中，双 T 板可以直接搁置在框架、梁或承重墙上，作为楼层或屋盖结构。

（六）预制混凝土楼梯

预制混凝土楼梯按其构造方式可分为梁承式、墙承式和墙悬臂式等类型。目前常用预制楼梯为预制钢筋混凝土板式双跑楼梯和剪刀楼梯，其在工厂预制完成，在现场进行吊装。预制楼梯具有以下优点：

(1)预制楼梯安装后可作为施工通道。

(2)预制楼梯受力明确,地震时支座不会受弯破坏,保证了逃生通道,同时楼梯不会对梁柱造成伤害。

(七)预制混凝土阳台

预制阳台通常包括叠合板式阳台、全预制板式阳台和全预制梁式阳台。预制阳台板能够克服现浇阳台的缺点,解决阳台支模复杂,现场高空作业费时费力的问题;还能避免在施工过程中,由于工人踩踏使阳台楼板上部的受力筋被踩到下面,从而导致阳台拆模后下垂的质量通病。

(八)其他构件

根据结构设计不同,实际应用还会有其他构件,如空调板、女儿墙、外挂板、飘窗等。

预制飘窗即将飘窗外侧的上翻线条和飘窗板分别进行预制或整体顶制并预留阀侧钢筋便于结构连接,板底钢筋锚入叠合梁、叠合板结构中;预制女儿墙包括夹心保温式女儿墙和非保温式女儿墙等。

三、装配式结构施工流程

装配式混凝土结构由水平受力构件和竖向受力构件组成,预制构件采用工厂化生产,构件运至施工现场后通过装配及后浇形成整体结构,其中竖向结构通过灌浆套筒连接、浆锚连接或其他方式进行连接,水平向钢筋通过机械连接、绑扎锚固或其他方式连接,局部节点采用后浇混凝土结合。

预制外挂板、预制阳台、预制楼梯通常在预制部分上预留锚筋,锚筋深入叠合层内,因此装配式建筑其预制构件吊装顺序如下：

预制墙(柱)吊装→预制梁吊装→预制板吊装→预制外墙板吊装→预制阳台板吊装→楼梯吊装→现浇结构工程及机电配管施工→现浇混凝土施工。其中预制楼梯也可在现浇混凝土施工完毕拆模后进行吊装。

四、装配式结构连接技术概述

预制装配式建筑依靠节点连接及拼缝将预制构件连接成为整体,其设计通过合理的连接节点与构造,保证构件的连续性和整体稳定性,使结构具有必要的承载能力、刚性和延性,以及良好的抗风、抗震和抗偶然荷载的能力。常用的连接方式包括套筒灌浆连接、浆锚连接以及现浇连接。

(一)套筒灌浆连接

套筒灌浆连接即通过预埋灌浆套筒,采用后注浆的方式进行连接,适用大直径钢筋和钢筋集中连接,应用广泛,技术成熟。套筒灌浆连接可采用直接连接和间接连接等形式,便于现场操作;也可采用群灌技术灌浆,使用效率较高。套筒灌浆连接按照结构形式分为半灌浆连接和全灌浆连接,半灌浆连接通常是上端钢筋采用直螺纹、下端钢筋通过灌浆料与灌浆套筒进行连接,一般用于预制剪力墙、框架柱主筋连接。全灌浆连接是两端钢筋均通过灌浆料与套筒进行的连接,一般用于预制框架梁主筋的连接。

灌浆套筒采用金属材质圆筒,两根连接钢筋分别从两端插入对接,套筒内注满水泥基灌浆料,通过灌浆料的传力作用实现钢筋连接。灌浆套筒分为全灌浆套筒和半灌浆套筒,是装配式建筑最主要的配套产品。

钢筋连接用套筒灌浆料是以水泥为基本材料,并配以细骨料、外加剂及其他材料混合成干混料,按照比例加水搅拌后具有流动性、早强、高强度及微膨胀等特点。套筒灌浆料充于套筒和带肋钢筋间隙之间,起到传递受力、握裹连接钢筋于同一点的作用。

钢筋套筒用灌浆料性能要求		
项目		性能指标
沁水率(%)		0
流动度(mm)	初始值	≥300
	30min 保留值	≥260
竖向膨胀率(%)	3h	≥0.02
	24h 与 3h 的膨胀率之差	0.02~0.5

续表

项目		性能指标
抗压强度（MPa）	1d	≥35
	3d	≥60
	28d	≥85
最大氯离子含量（%）		≤0.03

（二）浆锚连接

浆锚连接分为金属波纹管浆锚间接搭接连接和约束浆锚搭接。金属波纹管浆锚间接搭接连接搭接处使用金属波纹管，适用于小直径钢筋连接，其技术容易掌握、成本低。约束浆锚搭接连接搭接范围内配置约束螺旋箍筋，形成约束混凝土区，灌浆料为高性能补偿收缩水泥基材料，可采用压力注浆，适用于7度设防以下地区的中等高度建筑，其不需要使用套筒，对灌浆料的技术要求较低，制作成本低。

（三）现浇连接

现浇连接通过预制构件端头部分的合理节点设置，后浇混凝土进行连接，包括双皮墙连接、环形筋连接等。

第二节　预制构件现场堆放

装配式建筑施工中，预制构件品类多，数量大，无论在生产还是施工现场均占用较大场地面积，合理有序地对构件进行分类堆放，对于减少构件堆场使用面积，加强成品保护，加快施工进度，构建文明施工环境均具有重要意义。预制构件的堆放应按规范要求进行，确保预制构件在使用之前不受破坏，运输及吊装时能快速、便捷找到对应构件。

一、场地要求

场地要求包括以下几点：

（1）施工场地出入口不宜小于6m，场地内施工道路宽度应满足构件运输车辆双向开行及卸货吊车的支设空间。

（2）若受场地面积限制，预制构件也可由运输车车辆分块吊运至作业层进行安装。构件进场计划应根据施工进度及时调整，避免延误工期。

（3）预制构件的存放场地宜为混凝土硬化地面或经人工处理的自然地坪，应满足平整度和地基承载力要求，并应有排水措施。

（4）堆放预制构件时应使构件与地面之间留有一定空隙，避免与地面直接接触，须搁置于木头或软性材料上（如塑料垫片），堆放构件的支垫应坚实牢靠，且表面有防止污染构件的措施。

（5）预制构件的堆放场地选择应满足吊装设备的有效起重范围，尽量避免出现二次吊运，以免造成工期延误及费用增加。场地大小选择应根据构件数量、尺寸及安装计划综合确定。

（6）预制构件应按规格型号、出厂日期、使用部位、吊装顺序分类存放，编号清晰。不同类型构件之间应留有不少于0.7m的人行通道。

（7）预制构件存放区域2m范围内不应进行电焊、气焊作业，以免污染产品。露天堆放时，预制构件的预埋铁件应有防止锈蚀的措施，易积水的预留、预埋空洞等应采取封堵措施。

（8）预制构件应采用合理的防潮、防雨、防边角损伤措施，堆放边角处应设置明显的警示隔离标识，防止车辆或机械设备碰撞。

二、堆 放 方 式

构件堆放方法主要有平放和立（竖）放两种，具体选择时应根据构件的刚度及受力情况区分，通常情况下，梁、柱等细长构件宜水平堆放，且不少于2条垫木支撑；墙板宜采用托架立放，上部两点支撑；楼板、楼梯、阳台板等构件宜水平叠放，叠放层数应根据构件与垫木或垫块的承载力及堆垛的稳定性确定，必要时应设置防止构件倾覆的支架。叠合板预制底板水平叠放层数不应大于6层；预制阳台水平叠放层数不应大于 4 层,预制楼梯水平叠放层数不应大于 6 层。

(一)平放时的注意事项

平放时应注意以下几点:

(1)对于宽度不大于 500mm 的构件,宜采用通长垫木;对于宽度大于 500mm 的构件,可采用不通长垫木,放上构件后可在上面放置同样的垫木,若构件受场地条件限制需增加堆放层数,须经承载力验算。

(2)垫木上下位置之间如果存在错位,构件除了承受垂直荷载,还要承受弯曲应力和剪切力,所以必须放置在同一条线上。

(3)构件平放时应使吊环向上、标识向外,便于查找及吊运。

(二)竖放时的注意事项

竖放时应注意以下几点:

(1)立放可分为插放和靠放两种方式。插放时场地必须清理干净,插放架必须牢固,挂钩应扶稳构件,垂直落地。靠放时应有牢固的靠放架,必须对称靠放和吊运,其倾斜度应保持大于 80 度,构件上部用垫块隔开。

(2)构件的断面高宽比大于 2.5 时,堆放时下部应加支撑或有坚固的堆放架,上部应拉牢固定,避免倾倒。

(3)要将地面压实并铺上混凝土等,铺设路面要整修为粗糙面,防止脚手架滑动。

(4)柱和梁等立体构件要根据各自的形状和配筋选择合适的储存方法。

三、构件堆放示例

(一)预制剪力墙堆放

墙板垂直立放时,宜采用专用 A 字架形式插放或对称靠放,长期靠放时必须加安全塑料带捆绑或钢索固定,支架应有足够的刚度,并支垫稳固。墙板直立存放时必须考虑上下左右不得摇且须考虑地震时是否稳固。预制外挂墙板外饰面朝内,墙板尽量避免与刚性支架直接接触,以枕木或者软性垫片加以隔开避免碰坏墙板,并将墙板底部垫上枕木或者软性的垫片,如图 5-1 所示。

图 5-1　预制剪力墙堆放示意图

（二）预制梁、柱堆放

预制梁、柱等细长构件宜水平堆放，预埋吊装孔表面朝上，高度不宜超过 2 层，且不宜超过 2.0m。实心梁、柱须于两端 $0.2 \sim 0.25L$（L 为梁的长度）间垫上枕木，底部支撑高度不小于 100mm，若为叠合梁，则须将枕木垫于实心处，不可让薄壁部位受力（图 5-2）。

图 5-2　预制梁柱堆放示意图

（三）预制板类构件堆放

预制板类构件可采用叠放方式存放,其叠放高度应按构件强度、地面耐压力、垫木强度以及垛堆的稳定而确定,构件层与层之间应垫平、垫实,各层支垫应上下对齐,最下面一层支垫应通长设置。一般情况下,叠放层数不宜大于5层,吊环向上,标志向外,混凝土养护期未满的应继续洒水养护(图5-3)。

图5-3　预制板类构件堆放示意图

（四）预制楼梯或阳台堆放

楼梯或异形构件若需堆置两层时,必须考虑支撑稳固性,且高度不宜过高,必要时应设置堆置架以确保堆置安全(图5-4)。

图5-4　预制楼梯或阳台堆放示意图

第三节　构件安装技术与连接技术

一、构件安装技术

（一）安装前准备

装配式混凝土结构的特点之一就是有大量的现场吊装工作,其施工精度要求高,吊装过程安全隐患较大。因此,在预制构件正式安装前必须做好完善的准备工作,如制定构件安装流程,预制构件、材料、预埋件、临时支撑等应按国家现行有关标准及设计验收合格,并按施工方案、工艺和操作规程的要求做好人、机、料的各项准备,方能确保优质高效安全地完成施工任务。

1. 技术准备

（1）预制构件安装施工前,应编制专项施工方案,并按设计要求对各工况进行施工验算和施工技术交底。

（2）安装施工前对施工作业工人进行安全作业培训和安全技术交底。

（3）吊装前应合理规划吊装顺序,除满足墙(柱)、叠合板、叠合梁、楼梯、阳台等预制构件外,还应结合施工现场情况,满足先外后内,先低后高原则。绘制吊装作业流程图,方便吊装机械行走,达到经济效益。

2. 人员安排

构件安装是装配式结构施工的重要施工工艺,将影响整个建筑质量安全。因此,施工现场的安装应由专业的产业化工人操作,包括司机、吊装工、信号工等。

（1）装配式混凝土结构施工前,施工单位应对管理人员及安装人员进行专项培训和相关交底。

（2）施工现场必须选派具有丰富吊装经验的信号指挥人员、挂钩人员。作业人员施工前必须检查身体,对患有不宜高空作业疾病的人员不得安排高空作业。特种作业人员必须经过专门的安全培训,经考核合格,持特种作业操作资格证书上岗。特种作业人员应按规定进行体检和复审。

（3）起重吊装作业前,应根据施工组织设计要求划定危险作业区域,在主要施工部位、作业点、危险区、都必须设置醒目的警示标志,设专人加强安全警戒,防止无关人员进入。还应视现场作业环境专门设置监护人员,防止高处作业时造成落物伤人事故。

3. 现场条件准备

（1）检查构件套筒或紫锚孔是否堵塞。当套筒、预留孔内有杂物时,应及时清理干净。用手电筒补光检查,发现异物用气体或钢筋将异物消掉。

（2）将连接部位浮灰清扫干净。

（3）对于柱子、剪力墙板等竖直构件,安好调整标高的支垫(在预埋螺母中旋入螺栓或在设计位置安放金属垫块),准备好斜支撑部件;检查斜支撑地销。

（4）对于叠合楼板、梁、阳台板、挑檐板等水平构件,架立好竖向支撑。

（5）伸出钢筋采用机械套筒连接时,须在吊装前在伸出钢筋端部套上套筒。

（6）外挂墙板安装节点连接部件的准备。

（7）检验预制构件质量和性能是否符合现行国家规范要求。未经检验或不合格的产品不得使用。

（8）所有构件吊装前应做好截面控制线,方便吊装过程中调整和检验,有利于质量控制。

（9）安装前,复核测量放线及安装定位标识。

4. 机具及材料准备

（1）阅读起重机械吊装参数及相关说明(吊装名称、数量、单件质量、安装高度等参数),并检查起重机械性能,以免吊装过程中出现无法吊装或机械损坏停止吊装等现象,杜绝重大安全隐患。

（2）安装前应对起重机械设备进行试车检验并调试合格,宜选择具有代表性的构件或单元试安装,并应根据试安装结构及时调整完善施工方案和施工工艺。

（3）应根据预制构件形状、尺寸及重量要求选择适宜的吊具,在吊装过程中,吊索水平夹角不宜大于 60 度,不应小于 45 度;尺寸较大或形状复杂的预制构件应选择设置分配梁或分配桁架的吊具,并应保证吊车主钩位置、吊具及构件重心在竖直方向重合。

（4）准备牵引绳等辅助工具、材料,并确保其完好性,特别是绳索是否有破损,吊钩卡环是否有问题等。

（5）准备好灌浆料、灌浆设备、工具,调试灌浆泵。

（二）预制墙板安装

1.施工流程

基础清理及定位放线→封浆条及垫片安装→预制墙板吊运→预留钢筋插入就位→墙板调整校正→墙板临时固定→砂浆塞缝→PCF板吊装固定→连接节点钢筋绑扎→套筒灌浆→连接节点封模→连接节点混凝土浇筑→接缝防水施工。

2.预制墙板安装应符合的要求

（1）预制墙板安装应设置临时斜撑,每件预制墙板安装过程的临时斜撑应不少于2道,临时斜撑宜设置调节装置,支撑点位置距离底板不宜大于板高的2/3,且不应小于板高的1/2,斜支撑的预埋件安装、定位应准确。

（2）预制墙板安装时应设置底部限位装置,每件预制墙板底部限位装置不少于2个,间距不宜大于4m。

（3）临时固定措施的拆除应在预制构件与结构可靠连接且装配式混凝土结构能达到后续施工要求后进行。

（4）预制墙板安装过程应符合下列规定：

①构件底部应设置可调整接缝间隙和底部标高的垫块。

②钢筋套筒灌浆连接、钢筋锚固搭接连接灌浆前应对接缝周围进行封堵。

③墙板底部采用坐浆时,其厚度不宜大于20mm。

④墙板底部应分区灌浆,分区长度1~1.5m。

⑤预制墙板校核与调整应符合下列规定：

a.预制墙板安装垂直度应以外墙板面垂直为主。

b.预制墙板拼缝校核与调整应以竖缝为主,横缝为辅。

c.预制墙板阳角位置相邻的平整度校核与调整应以阳角垂直度为基准。

3.主要安装工艺

（1）定位放线。

在楼板上根据图纸及定位轴线放出预制墙体定位边线及200mm控制线,同时在预制墙体吊装前,在预制墙体上放出墙体500mm水平控制线,便于预制墙体安装过程中精确定位。

（2）调整偏位钢筋。

预制墙体吊装前,为了便于预制构件快速安装,使用定位框检查竖向连接钢筋是否偏位,针对偏位钢筋用钢筋套管进行校正,便于后续预制墙体精确安装。

（3）预制墙体吊装就位。

预制墙板吊装时，为了保证墙体构件整体受力均匀，采用专用吊梁（即模数化通用吊梁），专用吊梁由 H 型钢焊接而成，根据各预制构件吊装时不同尺寸、不同的起吊点位置，设置模数化吊点，确保预制构件在吊装时吊装钢丝绳保持竖直。专用吊梁下方设置专用吊钩，用于悬挂吊索，进行不同类型预制墙体的吊装。

预制墙体吊装过程中，距楼板面 1000mm 处减缓下落速度，由操作人员引导墙体降落，操作人员观察连接钢筋是否对孔，直至钢筋与套筒全部连接（预制墙体安装时，按顺时针依次安装，先吊装外墙板后吊装内墙板）。

（4）安装斜向支撑及底部限位装置。

预制墙体吊装就位后，先安装斜向支撑，斜向支撑用于固定调节预制墙体，确保预制墙体安装垂直度；再安装预制墙体底部限位装置，用于加固墙体与主体结构的连接，确保后续灌浆与暗柱混凝土浇筑时不产生位移。墙体通过靠尺校核其垂直度，如有偏位，调节斜向支撑，确保构件的水平位置及垂直度均达到允许误差5mm 之内，相邻墙板构件平整度允许误差±5mm。此施工过程中要同时检查外墙面上下层的平齐情况，允许误差以不超过 3mm 为准。如果超过允许误差，要以外墙面上下层错开 3mm 为准重新进行墙板的水平位置及垂直度调整，最后固定斜向支撑及七字码。

（三）预制柱安装

1. 施工流程

标高找平→竖向预留钢筋校正→预制柱吊装→柱安装及校正→灌浆施工。

2. 预制柱安装要求

（1）预制柱安装前应校核轴线、标高以及连接钢筋的数量、规格、位置。

（2）预制柱安装就位后在两个方向应采用可调斜撑作临时固定，并进行垂直度调整以及在柱子四角缝隙处加塞垫片。

（3）预制柱的临时支撑，应在套筒连接器内的灌浆料强度达到设计要求后拆除，当设计无具体要求时，混凝土或灌浆料应达到设计强度的 75% 以上方可拆除。

3. 主要安装工艺

（1）标高找平。

预制柱安装施工前，通过激光扫平仪和钢尺检查楼板面平整度，用铁制垫片使楼层平整度控制在允许偏差范围内。

（2）竖向预留钢筋校正。

根据所弹出柱线,采用钢筋限位框,对预留插筋进行位置复核,对有弯折的预留插筋应用钢筋校正器进行校正,以确保预制柱连接的质量。

（3）预制柱吊装。

预制柱吊装采用慢起、快升、缓放的操作方式。塔式起重机缓缓持力,将预制柱吊离存放架,然后快速运至预制柱安装施工层。在预制柱就位前,应清理柱安装部位基层,然后将预制柱缓缓吊运至安装部位的正上方。

（4）预制柱的安装及校正。

塔式起重机将预制柱下落至设计安装位置,下一层预制柱的竖向预留钢筋与预制柱底部的套筒全部连接,吊装就位后,立即加设不少于 2 根的斜支撑对预制柱临时固定,斜支撑与楼面的水平夹角不应小于 60 度。

根据已弹好的预制柱的安装控制线和标高线,用 2m 长靠尺、吊线锤检查预制柱的垂直度,并通过可调斜支撑微调预制柱的垂直度,预制柱安装施工时应边安装边校正。

（5）灌浆施工。

灌浆作业应按产品要求计量灌浆料和水的用量并搅拌均匀,搅拌时间从开始加水到搅拌结束应不少于 5min,然后静置 2~3min;每次拌制的灌浆料拌合物应进行流动度的检测,且其流动度应符合设计要求。搅拌后的灌浆料应在 30min 内使用完毕。

（四）预制梁安装

1.施工流程

预制梁进场、验收→按图放线→设置梁底支撑→预制梁起吊→预制梁就位微调→接头连接。

2.预制梁安装要求

（1）梁吊装顺序应遵循先主梁后次梁、先低后高的原则。

（2）预制梁安装就位后应对水平度、安装位置、标高进行检查。根据控制线对梁端和两侧进行精密调整,误差控制在 2mm 以内。

（3）预制梁安装时,主梁和次梁伸入支座的长度与搁置长度应符合设计要求。

（4）预制次梁与预制主梁之间的凹槽应在预制楼板安装完成后,采用不低于预制梁混凝土强度等级的材料填实。

（5）梁吊装前柱核心区内先安装一道柱箍筋,梁就位后再安装两道柱箍筋,之后才可进行梁、墙吊装。否则,柱核心区质量无法保证。

（6）梁吊装前应将所有梁底标高进行统计,有交叉部分梁吊装方案根据先低后高原则进行安排施工。

3. 主要安装工艺

（1）定位放线。

用水平仪测量并修正柱顶与梁底标高,确保标高一致,然后在柱上弹出梁边控制线。

预制梁安装前应复核柱钢筋与梁钢筋位置、尺寸,对梁钢筋与柱钢筋安装有冲突的,应按经设计部门确认的技术方案调整。梁柱核心区箍筋安装应按设计文件要求进行。

（2）支撑架搭设。

梁底支撑采用钢立杆支撑+可调顶托,可调顶托上铺设长×宽为 100mm×100mm 方木,预制梁的标高通过支撑体系的顶丝来调节。

临时支撑位置应符合设计要求;设计无要求时,长度小于或等于 4m 时应设置不少于 2 道垂直支撑,长度大于 4m 时应设置不少于 3 道垂直支撑。

梁底支撑标高调整宜高出梁底结构标高 2mm,应保证支撑充分受力并撑紧支撑架后方可松开吊钩。

叠合梁应根据构件类型、跨度来确定后浇混凝土支撑件的拆除时间,强度达到设计要求后方可承受全部设计荷载。

（3）预制梁吊装。

预制梁一般用两点吊,预制梁两个吊点分别位于梁顶两侧距离两端 0.2L 梁长位置,由生产构件厂家预留。

现场吊装工具采用双腿锁具或专用吊梁吊住预制梁两个吊点逐步移向拟定位置,人工通过预制梁顶绳索辅助梁就位。

（4）预制梁微调定位。

当预制梁初步就位后,两侧借助柱上的梁定位线将梁精确校正。梁的标高通过支撑体系的顶丝来调节,调平同时需将下部可调支撑上紧,这时方可松去吊钩。

（5）接头连接。

混凝土浇筑前应将预制梁两端键槽内的杂物清理干净,并提前 24h 浇水湿润。预制梁两端键槽锚固钢筋绑扎时,应确保钢筋位置准确。预制梁水平钢筋连接有机械连接、钢套筒灌浆连接或焊接连接。

（五）预制楼板安装

1. 施工流程

预制板进场、验收→放线→搭设板底独立支撑→预制板吊装→预制板就位→预制板校正定位。

2. 预制楼板安装应符合的要求

（1）构件安装前应编制支撑方案，支撑架体宜采用可调工具式支撑系统，首层支撑架体的地基必须坚实，架体必须有足够的强度、刚度和稳定性。

（2）板底支撑间距不应大于2m，每根支撑之间高差不应大于2mm，标高偏差不应大于3mm，悬挑板外端比内端支撑宜调高2mm。

（3）预制楼板安装前，应复核预制板构件端部和侧边的控制线以及支撑搭设情况是否满足要求。

（4）预制楼板安装应通过微调垂直支撑来控制水平标高。

（5）预制楼板安装时，应保证水电预埋管（孔）位置准确。

（6）预制楼板吊至梁、墙上方30～50cm后，应调整板位置使板锚固筋与梁箍筋错开，根据梁、墙上已放出的板边和板端控制线，准确就位，偏差不得大于2mm，累计误差不得大于5mm。板就位后调节支撑立杆，确保所有立杆全部受力。

（7）预制叠合楼板吊装顺序依次铺开，不宜间隔吊装。在混凝土浇筑前，应校正预制构件的外露钢筋，外伸预留钢筋伸入支座时，预留筋不得弯折。

（8）相邻叠合楼板间拼缝及预制楼板与预制墙板位置拼缝应符合设计要求并有防止裂缝的措施。施工集中荷载或受力较大部位应避开拼接位置。

3. 主要安装工艺

（1）定位放线。

预制墙体安装完成后，由测量人员根据预制叠合板板宽放出独立支撑定位线，并安装独立支撑，同时根据叠合板分布图及轴网，利用经纬仪在预制墙体的上方确定板缝位置定位线，板缝定位线允许误差±10mm。

（2）板底支撑架搭设。

支撑架体应具有足够的承载能力、刚度和稳定性，应能可靠地承受混凝土构件的自重和施工过程中所产生的荷载及风荷载，支撑立杆下方应铺50mm厚木板。

确保支撑系统的间距及距离墙、柱、梁边的净距符合系统验算要求，上下层支撑应在同一直线上。

在可调节顶撑上架设方木,调节方木顶面至板底设计标高,开始吊装预制楼板。

(3)预制楼板吊装就位。

为了避免预制楼板吊装时,因受集中应力而造成叠合板开裂,预制楼板吊装宜采用专用吊架。

预制叠合板吊装过程中,在作业层上空500mm处减缓降落,由操作人员根据板缝定位线,引导楼板降落至独立支撑上。及时检查板底与预制叠合梁或剪力墙的接缝是否到位,预制楼板钢筋深入墙长度是否符合要求,直至吊装完成。

(4)预制板校正定位。

根据预制墙体上水平控制线及竖向板缝定位线,校核叠合板水平位置及竖向标高情况,通过调节竖向独立支撑,确保叠合板满足设计标高要求;通过撬棍(撬棍配合垫木使用,避免损坏板边角)调节叠合板水平位移,确保叠合板满足设计图纸水平分布要求。

(六)预制外挂板安装

1.施工流程

结构标高复核→预埋连接件复检→预制外挂板起吊及安装→安装临时承重铁件及斜撑→调整预制外挂板位置、标高、垂直度→安装永久连接件→吊钩解钩。

2.预制外挂板安装要求

(1)构件起吊时要严格执行"333制",即先将预制外挂板吊起距离地面300mm的位置后停稳30s,相关人员要确认构件是否水平,如果发现构件倾斜,要停止吊装,放回原来位置重新调整,以确保构件能够水平起吊。另外,还要确认吊具连接是否牢靠,钢丝绳有无交错等。确认无误后,可以起吊,所有人员远离构件3m远。

(2)构件吊至预定位置附近后,缓缓下放,在距离作业层上方500mm处停止。吊装人员用手扶预制外挂板,配合起吊设备将构件水平移动至构件吊装位置。就位后缓慢下放,吊装人员通过地面上的控制线,将构件尽量控制在边线上。若偏差较大,需重新吊起距地面50mm处,重新调整后再次下放,直到基本达到吊装位置为止。

(3)构件就位后,需要进行测量确认,测量指标主要有高度、位置、倾斜。调整顺序建议是按"先高度再位置后倾斜"。

3.主要安装工艺

（1）安装临时承重件。

预制外挂板吊装就位后，在调整好位置和垂直度前，需要通过临时承重铁件进行临时支撑，铁件同时还起到控制吊装标高的作用。

（2）安装永久连接件。

预制外挂板通过预埋铁件与下层结构连接起来，连接形式为焊接及螺栓连接。

（七）内隔墙板安装

内隔墙安装工艺流程与外墙板大致相同，但需要特别注意以下几点：

（1）内墙板和内隔墙板也采用硬塑垫块进行找平，并在 PC 构件安装之前进行聚合物砂浆坐浆处理，坐浆密实均匀，一旦墙板就位，聚合物砂浆就把墙板和基层之间的缝有效密实。

（2）安装时应注意墙板上预留管线以及预留洞口是否无偏差，如发现有偏差而吊装完后又不好处理的应先处理后再安装就位。

（3）墙板落位时注意编号位置以及正反面（箭头方向为正面）。根据楼面上所标示的垫块厚度与位置选择合适的垫块将墙板垫平，就位后将墙板底部缝隙用砂浆填塞满。

（4）墙板就位时应注意墙板上管线预留孔洞与楼面现浇部分预留管线的对接位置是否准确，如有偏差，墙板先不要落位，应通知水电安装人员及时处理。

（5）墙板处两端有柱或暗柱时注意，如墙板于柱或暗柱钢筋先施工时，应将柱或暗柱箍筋先套在柱主筋内，否则将会增加钢筋施工难度。如柱钢筋于梁先施工时，柱箍筋应只绑扎到梁底位置，否则墙板无法就位。墙板暗梁底部纵向钢筋必须放置在柱或剪力墙纵向钢筋内侧。

（6）模板安装完后，应全面检查墙板的垂直度以及位移偏差，以免安装模板时将墙板移动。

（八）预制楼梯安装

1.施工流程

预制楼梯进场、验收→放线→垫片及坐浆料施工→预制楼梯吊装→预制楼梯校正→预制楼梯固定。

2. 预制楼梯安装要求

(1)预制楼梯安装前应复核楼梯的控制线及标高,并做好标记。

(2)预制楼梯支撑应有足够的承载力、刚度及稳定性,楼梯就位后调节支撑立杆,确保所有立杆全部受力。

(3)预制楼梯吊装应保证上下高差相符,顶面和底面平行,以便于安装。

(4)预制楼梯安装位置要准确,采用预留锚固钢筋方式安装时,应先放置预制楼梯,再与现浇梁或板浇筑连接成整体,并保证预埋钢筋锚固长度和定位符合设计要求。当采用预制楼梯与现浇梁或板之间采用预埋件焊接或螺栓杆连接方式时,应先施工现浇梁或板,再搁置预制楼梯进行焊接或螺栓孔灌浆连接。

3. 主要安装工艺

(1)放线定位。

楼梯间周边梁板叠合层混凝土浇筑完工后,测量并弹出相应楼梯构件端部和侧边的控制线。

(2)预制楼梯吊装。

预制楼梯一般采用四点吊,配合倒链下落就位调整索具铁链长度,使楼梯段休息平台处于水平位置,试吊预制楼梯板,检查吊点位置是否准确,吊索受力是否均匀等,试起吊高度不应超过1m。

预制楼梯吊至梁上方300～500mm后,调整预制楼梯位置使上下平台锚固筋与梁箍筋错开,板边线基本与控制线吻合。

根据已放出的楼梯控制线,将构件根据控制线精确就位,先保证楼梯两侧准确就位,再使用水平尺和倒链调节楼梯水平。

(九)双T板安装

1. 吊装前准备

(1)吊装前必须疏通好道路,清理好施工现场有碍吊装施工进行的一切障碍物,用电设施要安全可靠,松软、有坑陷等隐患地带一定要进行辅助加固,吊装前必须准备好吊装用的垫块、垫木及所用铁件等。

(2)施工前要做好技术交底。提前划好构件安装十字线,必须认真检查机械设备的性能索具、绳索、撬杠、电焊机等的完好程度,电焊机外壳必须接地良好并安装漏电保护器,其电源的装拆应由电工进行。劳工组织要详细妥当,劳保用品要配备齐全。

2. 吊装

吊装前先将吊车就位,吊车从施工入口进入楼内。吊装时双 T 板两端捆绑溜绳,以控制双 T 板在空中的位置。就位时,双 T 板的轴线对准双 T 板面上的中心线,缓缓落下时,并以框架梁侧面标高控制线校正双 T 板标高。

双 T 板校正包括平面位置和垂直度校正。双 T 板底部轴线与框架梁中心对准后,用尺检测框架梁侧面轴线与双 T 板顶面上的标准轴线间距离,双 T 板校正后将双 T 板上部连接与埋件点焊,再用钢尺复核一下跨距,方可脱钩,并按设计要求将各连接件按设计要求焊好。

3. 安全保证措施

该吊装工程构件较重,采用车辆较大,工序复杂,高空作业的机械化程度较高,因此必须采用各种安全措施,以确保吊装工作顺利进行。

(1)吊装人员必须体检合格,不得酒后或带病参加高空作业。

(2)高空作业人员不得穿硬底鞋、高跟鞋、带钉鞋、易滑鞋,衣着要灵便。

(3)吊装前,对参加人员进行有关吊装方法、安全技术规程等方面的交底和训练,明确人员分工。

(4)作业区要设专人监护,非吊装人员不得进入,所有高空作业人员必须系好安全带,吊臂、吊物下严禁站人或通过。

(5)每次吊装前一定要认真检查机械技术状况及吊装绳索的安全完好程度,详细检查构件的几何尺寸和质量,双 T 板端部埋件与框架梁埋件焊接时焊缝厚度应大于或等于 6mm,连接处三面满焊。

(6)双 T 板起吊应平稳,双 T 板刚离地面时要注意双 T 板摆动,以防碰挤伤人。离地面 20~30cm 时,以急刹车来检验吊车的轻重性能和吊索的可靠性。吊臂下不得站人。

(7)双 T 板就位后,吊钩应稍稍松懈后刹车,看双 T 板是否稳定,如无异常,则可脱钩进行双 T 板施工。

(8)吊装前将脚手架落至框架梁下 30cm,搭设操作平台,框架梁四周铺设脚手板 500mm 宽,框架梁间满挂安全网,用棕绳捆绑在柱子上。

(9)焊工工作前,检查用电设备、线路是否漏电或接触不良等,各用电设备必须按规定接地接零。

(10)作业时起重臂下严禁站人,下部车驾驶室不得坐人,重物不得超越驾驶室上方,不得在车前方起吊。起重臂伸缩时,应按规定程序进行。起重臂伸出后若出现前节长度大于后节伸出长度时,必须调整正常后方可作业。吊装施工过程中做到四统一:统一指挥,统一调度,统一信号,统一时间。

(11)参加吊装的作业人员应听从统一指挥、精力集中、严守岗位,未经同意不得离岗,发生事故应追究责任。

(12)遇有雨天或六级以上大风时,不准进行吊装作业。

(十)其他预制构件安装

1.预制阳台板安装要求

(1)预制阳台板安装前,测量人员根据阳台板宽度,放出竖向独立支撑定位线,并安装独立支撑,同时在预制叠合板上,放出阳台板控制线。

(2)当预制阳台板吊装至作业面上空 500mm 时,减缓降落,由专业操作工人稳住预制阳台板,根据叠合板上控制线,引导预制阳台板降落至独立支撑上;根据预制墙体上水平控制线及预制叠合板上控制线,校核预制阳台板水平位置及竖向标高情况;通过调节竖向独立支撑,确保预制阳台板满足设计标高要求;通过撬棍(撬棍配合垫木使用,避免损坏板边角)调节预制阳台板水平位移,确保预制阳台板满足设计图纸水平分布要求。

(3)预制阳台板定位完成后,将阳台板钢筋与叠合板钢筋可靠连接固定,预制构件固定完成后,方可摘除吊钩。

(4)同一构件上吊点高低有不同的,低处吊点采用挂链进行拉接,起吊后调平,落位时采用倒链紧密调整标高。

2.预制空调板安装要求

(1)预制空调板吊装时,板底应采用临时支撑措施。

预制空调板与现浇结构连接时,预留锚固钢筋应伸入现浇结构部分,并应与现浇结构连成整体。

(2)预制空调板采用插入式吊装方式时,连接位置应设预埋连接件,并应与预制外挂板的预埋连接件连接,空调板与外挂板交接的四周防水槽口应嵌填防水密封胶。

二、构件连接技术

（一）基本要求

预制构件节点的钢筋连接应满足现行业标准《钢筋机械连接技术规程》JGJ 107 中Ⅰ级接头的性能要求，并应符合国家行业有关标准的规定。

应对连接件、焊缝、螺栓或铆钉等紧固件在不同设计状况下的承载力进行验算，并应符合现行国家标准《钢结构设计规范》GB 50017 和《钢结构焊接规范》GB 50661 等的规定。

预制楼梯与支承构件之间宜采用简支连接。采用简支连接时，应符合下列规定：预制楼梯宜一端设置固定铰，另一端设置滑动铰，其转动及滑动变形能力应满足结构层间位移的要求。预制楼梯设置滑动铰的端部应采取防止滑落的构造措施。

（二）预制构件的连接的种类

预制构件的连接种类主要有套筒灌浆连接、直螺纹套筒连接、钢筋浆锚连接及螺栓连接。

（三）钢筋套筒灌浆连接

套筒灌浆连接技术是通过灌浆料的传力作用将钢筋与套筒连接形成整体，套筒灌浆连接分为全灌浆套筒连接和半灌浆套筒连接。套筒设计应符合现行行业标准《钢筋连接用灌浆套筒》JG/T 398 要求，接头性能达到《钢筋机械连接技术规程》JGJ 107 规定的最高级，即Ⅰ级。钢筋套筒灌浆料应符合现行行业标准《钢筋连接用套筒灌浆料》JG/T 408 规定。

1. 半灌浆套筒连接技术

半灌浆套筒接头一端采用灌浆方式连接，另一端采用非灌浆连接方式连接钢筋的灌浆套筒。

半灌浆套筒连接可连接 4 只 HRB335 和 HRB400 带肋钢筋，连接钢筋直径范围为 12～40mm，机械连接段的钢筋丝头加工、连接安装、质量检查应符合现行行业标准《钢筋机械连接技术规程》JGJ 107 的有关规定。

半灌浆连接的优点如下:

(1)外径小,对剪力墙、柱都适用。

(2)与全灌浆套筒相比,半灌浆套筒长度能显著缩短(约1/3),现场灌浆工作量减半,灌浆高度降低,能降低对构件接缝处密封的难度。

(3)工厂预制时钢套筒与钢筋的安装固定也比全灌浆套筒相对容易。

(4)半灌浆套筒适应于竖向构件连接。

半灌浆套筒和外露钢筋的允许偏差			
项目		允许偏差(mm)	检查方法
灌浆套筒中心位置		+2.0	尺量
外露钢筋	中心位置	+2.0	
	外露长度	+10.0	

2. 全灌浆套筒连接技术

全灌浆连接是两端均采用灌浆方式连接钢筋的灌浆套筒。全灌浆连接接头性能达到《钢筋机械连接技术规程》JGJ 107 规定 Ⅰ 级。目前可连接 HRB335 和 HRB400 带肋钢筋,连接钢筋直径范围为 14～40mm。

全灌浆套筒在构件厂内与钢筋连接时,钢筋应与套筒逐根插入,插入深度应满足设计及规范要求,钢筋与全灌浆套筒通过橡胶塞进行临时固定,避免混凝土浇筑、振捣时套筒和连接钢筋移位。全灌浆套筒可用于竖向构件(剪力墙、框架柱)及水平构件(梁)连接。

全灌浆套筒和外露钢筋的允许偏差详见下表。

全灌浆套筒和外露钢筋的允许偏差			
项目		允许偏差(mm)	检查方法
灌浆套筒中心位置		+2.0	尺量
外露钢筋	中心位置	+2.0	
	外露长度	+10.0	

3. 套筒灌浆施工

(1)预制竖向承重构件采用全灌浆或半灌浆套筒连接方式的,所采取的灌浆工艺基本为分仓灌浆法和坐浆灌浆法。

操作过程:构件接触面凿毛→分仓/坐浆→安装钢垫片→吊装预制构件→灌浆

作业。

①预制构件接触面现浇层应进行凿毛或拉毛处理,其粗糙面不应小于4mm,预制构件自身接触粗糙面应控制在6mm左右。

②分仓法:竖向预制构件安装前宜采用分仓法灌浆,分仓应采用坐浆料或封浆海绵条进行分仓,分仓长度不应大于规定的限值,分仓时应确保空腔密闭,不应漏浆。

③坐浆法:竖向预制构件安装前可采用坐浆法灌浆。坐浆法采用坐浆料将构件与楼板之间的缝隙填充密实,然后对预制竖向构件进行逐一灌浆,坐浆料强度应大于预制墙体混凝土强度。

④安装钢垫片:预制竖向构件与楼板之间通过钢垫片调节预制构件竖向标高,钢垫片一般选择50mm×50mm尺寸,厚度为2mm、3mm、5mm、10mm,用于调节构件标高。

⑤预制构件吊装:预制竖向构件吊装就位后对水平度、安装位置、标高进行检查。

⑥灌浆作业:灌浆料从下排孔开始灌浆,待灌浆料从上排孔流出时,封堵上排流浆孔,直至封堵最后一个灌浆孔后,持压30s,确保灌浆质量。

(2)预制梁采用全灌浆套筒连接方式,预制梁灌浆作业应采用压降法。

操作过程:临时支撑及放线→水平构件吊装→检查定位→调节套筒→灌浆作业。

①安装前,应测量并修正柱顶和临时支撑标高,确保与梁构件底标高一致,柱上应弹出梁边控制线;根据控制线对梁端、梁轴线进行精密调整,误差控制在2mm以内。

②梁吊装应遵循先主梁后次梁,先低后高的原则。

③对水平度、安装位置、标高进行检查,且安装时构件伸入支座的长度与搁置长度应符合设计要求。

④调节套筒:先将灌浆套筒全部套在一侧构件的钢筋上,将另一侧构件吊装到位后,移动套筒位置,使另一侧钢筋插入套筒,保证两侧钢筋插入长度达到设计值。

⑤从灌浆套筒灌浆孔注浆,当出浆孔出口开始向外溢出灌浆料时,应停止灌浆,立即塞入橡胶塞进行封堵。

(3)灌浆料的使用应符合以下规定:

套筒灌浆前应确保底部坐浆料达到设计强度(一般为24h),避免套筒压力注浆时出现漏浆现象。然后拌制专用灌浆料,灌浆料初始流动性需大于等于300,

30min 流动性需大于等于 260。同时,每个班组施工时留置 1 组试块,每组试件 3 个试块,分别用于 1、3、28d 抗压强度试验,试块规格为 40mm×40mm×160mm,灌浆料 3h 竖向膨胀率大于等于 0.02%,灌浆料检测完成后,开始灌浆施工。套筒灌浆时,灌浆料使用温度不宜低于 5℃,且不宜高于 30℃。

(四)直螺纹套筒连接

1. 基本原理

直螺纹套筒连接接头施工,其工艺原理是将钢筋待连接部分剥肋后滚压成螺纹,利用连接套筒进行连接,使钢筋丝头与连接套筒连接为一体,从而实现等强度钢筋连接。直螺纹套筒连接的种类主要有冷镦粗直螺纹、热镦粗直螺纹、直接滚压直螺纹、挤(碾)压肋滚压直螺纹。

2. 材料与机械设备

(1)材料准备。

①钢套筒应具有出厂合格证。套筒的力学性能必须符合规定,表面不得有裂纹、折叠等缺陷。套筒在运输、储存中,应按不同规格分别堆放,不得露天堆放,防止锈蚀和玷污。

②钢筋必须符合国家标准设计要求,还应有产品合格证、出厂检验报告和进场复验报告。

(2)施工机具。

直螺纹套筒加工的工具包括钢筋直螺纹剥肋滚丝机、牙型规、卡规。其中钢筋直螺纹剥肋滚丝机用于钢筋撤丝,牙型规用于检查钢筋撤丝是否符合要求,卡规用于检查钢筋撤丝外径是否符合要求。

①加工工艺流程。

钢筋端面平头→剥肋滚压螺纹→丝头质量自检→戴帽保护→丝头质量抽检→存放待用→用套筒对接钢筋→用扳手拧紧定位→检查质量验收。

②加工要点。

a. 钢筋应先调直再加工,切口断面必须与钢筋轴线垂直,端头弯曲严重的应切去,严禁气割和切断机。

b. 丝头加工长度为标准型套筒长度的 1/2,其公差为 +2P(P 为螺距),即拧紧后的直螺纹接头外露丝扣数量不得超过 2 个螺距。

c. 钢筋连接时,钢筋的规格和连接套的规格必须一致,并确保丝头和连接套的丝扣干净、无损。

d. 被连接的两钢筋端面应顶紧,处于连接套的中间位置,偏差不大于 P。

e. 采用预埋接头时,连接套的位置、规格和数量必须符合设计要求,带连接套的钢筋安装固牢,连接套的外露端必须有密封盖。

3. 注意事项

(1)钢筋先调直再下料,切口端面与钢筋轴线垂直,不得有马蹄形或挠曲,不得用气割下料。

(2)钢筋下料及螺纹加工时需符合下列规定:

①设置在同一个构件内的同一截面受力钢筋的位置应相互错开。在同一截面接头百分率不应超过 50% 。

②钢筋接头端部距钢筋受弯点长度不得小于钢筋直径的 10 倍。

③钢筋连接套筒的混凝土保护层厚度应满足现行国家标准《混凝土结构设计规范》GB 50010 中的相应规定且不得小于 15mm,连接套之间的横向净距不宜小于 25mm。

④钢筋端部平头使用钢筋切割机进行切割,不得采用气割。切口断面应与钢筋轴线垂直。

⑤按照钢筋规格所需要的调试棒调整好滚丝头内控最小尺寸。

⑥按照钢筋规格更换涨刀环,并按规定丝头加工尺寸调整好剥肋加工尺寸。

⑦调整剥肋挡块及滚扎行程开关位置,保证剥肋及滚扎螺纹长度符合丝头加工尺寸的规定。

⑧丝头加工时应用水性润滑液,不得使用油性润滑液。当气温低于 0℃ 时,应掺入 15% ~20% 亚硝酸钠。严禁使用机油做切割液或不加切割液加工丝头。

⑨钢筋丝头加工完毕经检验合格后,应立即戴上丝头保护帽或拧上连接套筒,防止装卸钢筋时损坏丝头。

(3)钢筋连接。

①连接钢筋时,钢筋规格和连接套筒规格应一致,并确保钢筋和连接套的丝扣干净、完好无损。

②连接钢筋时应对准轴线将钢筋拧入连接套中。

③必须用力矩扳手拧紧接头。力矩扳手的精度为±5%,要求每半年用扭力仪检定一次。力矩扳手不使用时,将其力矩值调整为零,以保证其精度。

④连接钢筋时应对正轴线将钢筋拧入连接套中,然后用力矩扳手拧紧。接头拧紧值应满足下表规定的力矩值,不得超拧,拧紧后的接头应做上标记,以防钢筋

接头漏拧。

直螺纹钢筋接头拧紧力矩值		
序号	钢筋直径(mm)	拧紧力矩值(N·m)
1	≤16	100
2	16~20	200
3	22~25	260
4	28~32	320

⑤钢筋连接前要根据所连接直径的需要将力矩扳手上的游动标尺刻度调定在相应的位置上,即按规定的力矩值,使力矩扳手钢筋轴线均匀加力。当听到力矩扳手发出"咔嚓"声响时即停止加力,否则会损坏扳手。

⑥连接水平钢筋时必须依次连接,从一头往另一头,不得从两边往中间连接,连接时一定要两人面对站立,一人用扳手卡住已连接好的钢筋,另一人用力矩扳手拧紧待连接钢筋,按规定的力矩值进行连接,这样可避免弄坏已连接好的钢筋接头。

⑦使用扳手对钢筋接头拧紧时,只要达到力矩扳手调定的力矩值即可,拧紧后检查。

⑧接头拼接完成后,应使两个丝头在套筒中央位置相互顶紧,套筒的两端不得有一扣以上的完整丝扣外露,加长型接头的外露扣数不受限制,但应有明显标记,以检查进入套筒的丝头长度是否满足要求。

(五)浆锚搭接连接

1. 基本原理

浆锚连接是一种安全可靠、施工方便、成本相对较低的可保证钢筋之间力的传递的有效连接方式。在预制柱内插入预埋专用螺旋棒,在混凝土初凝之后旋转取出,形成预留孔道,下部钢筋插入预留孔道,在孔道外侧钢筋连接范围外侧设置附加螺旋箍筋,下部预留钢筋插入预留孔道,然后在孔道内注入微膨胀高强灌浆料。

纵向钢筋采用浆锚搭接连接时,对预留孔成孔工艺、孔道形状和长度、构造要求、灌浆料和被连接的钢筋,应进行力学性能以及适用性的实验验证。直径大于20mm的钢筋不宜采用浆锚搭接连接,直接承受动力荷载构件的纵向钢筋不应采用浆锚搭接连接。

2.浆锚灌浆连接的性能要求

钢筋浆锚连接用灌浆料性能可参照现行行业标准《装配式混凝土结构技术规程》JGJ 1的要求执行,具体性能要求详见下表。

钢筋浆锚连接用灌浆料性能要求表		
项目	指标名称	指标性能
泌水率(%)		0
流动度(mm)	初始值	≥200
	30min 保留值	≥150
竖向膨胀率(%)	3h	≥0.02
	24h 与 3h 的膨胀值之差	0.02～0.5
抗压强度(MPa)	1d	≥35
	3d	≥55
	28d	≥80
氯离子含量(%)		≤0.06

3.浆锚灌浆连接施工要点

(1)因设计上对抗震等级和高度上有一定的限制,此连接方式在预制剪力墙体系中预制剪力墙的连接使用较多,预制框架体系中的预制立柱的连接一般不宜采用此连接方式。约束浆锚搭接连接主要缺点是预埋螺旋棒必须在混凝土初凝后取出来,须在取出时间内操作规程掌握得非常好,时间早了易塌孔,时间晚了预埋棒取不出来,因此成孔质量很难保证。如果孔壁出现局部混凝土损伤(微裂缝),对连接质量有影响。比较理想的做法是预埋棒刷缓凝剂,成型后冲洗预留孔,但应注意孔壁冲洗后是否满足约束浆锚连接的相关要求。

(2)注浆时可在一个预留孔上插入连通管,可以防止由于孔壁吸水导致灌浆料的体积收缩,连通管内灌浆料回灌,保持注浆部位充满。此方法在套筒灌浆连接时同样适用。

(六)挤压套筒连接

1.基本原理

其通过加压力使连接件钢套筒塑性变形并与带肋钢筋表面紧密咬合,从而将两根带肋钢筋连接在一起。

2．连接特点

（1）挤压套筒连接属于干式连接，去掉技术间歇时间从而压缩安装工期，质量验收直观，接头成本低。

（2）连接时无明火作业，施工方便，工人简单培训即可上岗。凡是带肋钢筋即可连接，无需对钢筋进行特别加工，对钢筋材质无要求。接头性能可达到机械接头的最高级，可以用于大部分部位接头连接，包括钢筋不能旋转的结构部位。

（3）相比绑扎搭接节约钢材，且连接速度较快。

（4）对钢套筒材料性能要求高，挤压设备较重，工人劳动强度高。

（5）钢筋特别密集和挤压钳无法就位的节点难以使用。

（6）连接不同直径钢筋的变径套筒成本高。

3．施工工序及施工要点

（1）施工工序。

钢套筒、钢筋挤压部位检查、清理、矫正→钢筋端头压接标志→钢筋插入钢套筒→挤压→检查验收。

（2）施工要点。

钢筋应按标记要求插入钢套筒内，确保接头长度，以防压空。被连接钢筋的轴心与钢套筒轴心应保持同一轴线，防止偏心和弯折。

在压接接头处挂好平衡器与压钳，接好进、回油油管，起动超高压泵，调节好压接力所需的油压力，然后将下压模卡板打开，取出下模，把挤压机机架的开口插入被挤压的带肋钢筋的连接套中，插回下模，锁死卡板，压钳在平衡器的平衡力作用下，对准钢套筒所需压接的标记处，控制挤压机换向阀进行挤压。压接结束后将紧锁的卡板打开，取出下模，退出挤压机，则完成挤压施工。

挤压时，压钳的压接应对准套筒压痕标志，并垂直于被压钢筋的横肋。挤压应从套筒中央逐道向端部压接。

为了减少高空作业并加快施工进度，可先在地面压接半个压接接头，在施工作业区把钢套筒另一端插入预留钢筋，按工艺要求挤压另一端。

（七）国标连接

1．基本原理

国标连接的梁和柱都采用预制构件，在梁柱节点处现浇，形成框架结构体系，这是装配式框架结构国际通用做法。

2. 施工特点

节点混凝土浇捣不密实,节点模板不严跑浆。浇筑前应将节点处模板缝堵严。核心区钢筋较密,浇筑时应认真振捣。混凝土要有较好的和易性、适宜的坍落度。模板要留清扫口,认真清理,避免夹渣。

构件安装前应标明型号和使用部位,复核放线尺寸后进行安装,防止放线误差造成构件偏移。不同气候时调整量具误差。操作时认真负责,细心校正。上层与下层轴线不对应,出现错台,影响构件安装,施工放线时,上层的定位线应由底层引上去,用经纬仪引垂线,测定正确的楼层轴线,保证上、下层之间轴线完全吻合。

节点部位下层柱子主筋位移,给搭接焊造成困难。产生原因是构件生产时未采取措施控制主筋位置,构件运输和吊装过程中造成主筋变形。所以生产时应采取措施,保证梁柱主筋位置正确,吊装时避免碰撞,安装前理顺。

关于构件缺陷,在运输与安装前,检查构件外观质量、混凝土强度,采用正确的装卸及运输方法。

(八)世构体系连接

1. 基本概念

世构体系即键槽式预制预应力混凝土装配整体式框架结构连接,其原理是采用预制或现浇钢筋混凝土柱,预制预应力混凝土叠合梁、板,通过钢筋混凝土后浇部分将梁、板、柱及键槽式梁柱节点连成整体,形成框架结构体系。

2. 连接特点

世构体系与一般常规框架结构相比,具有显著的优越性,主要如下:

采用预应力高强钢筋及高强混凝土,梁、板截面减小,梁高可降低为跨度的1/15,板厚可降低为跨度的1/40,建筑物的自重减轻,且梁、板含钢可降低20%~30%,与现浇结构相比,价格可降低10%以上。

预制板采用预应力技术,楼板抗裂性能大大提高,克服了现浇楼板容易出现裂缝的质量通病。而且预制梁、板均在工厂机械化生产,产品质量更易得到控制,构件外观质量好,耐久性好。

梁、板现场施工均不需模板,板下支撑立杆间距可加大到2.0~2.5m,与现浇结构相比,周转材料总量节约可达80%以上。

梁、板构件均在工厂内事先生产,施工现场直接安装,既方便又快捷,主体结构工期可节约 30% 以上。

梁、板均不需粉刷,减少施工现场湿作业量,有利于环境保护,减轻噪声污染,现场施工更加文明。

与普通预制构件相比,预制板尺寸不受模数的限制,可按设计要求随意分割,灵活性大,适用性强。

(九)润泰连接

1. 基本概念

润泰连接节点由预制钢筋混凝土柱、叠合梁、非预应力叠合板等组成,柱与柱之间的连接钢筋采用灌浆套筒连接,通过现浇钢筋混凝土节点将预制构件连接成整体。

2. 连接特点

润泰节点实际上为预制梁下部纵筋锚入节点的连接方式,这种节点由于两侧梁底纵向钢筋需要交叉错开,锚入节点核心区比较困难,对预制加工精密度要求较高,对施工误差控制要求较高,而且为了方便梁纵筋伸入节点,柱截面会偏大。因此润泰连接节点存在制造精度要求较高、施工难度大的问题,适用于办公楼、住宅、厂房及大型超市建筑。

(十)鹿岛连接

1. 基本概念

鹿岛连接节点是由叠合梁、非预应力叠合板等水平构件,预制柱、预制外墙板、现浇剪力墙、现浇电梯井等竖向构件组成的连接节点。柱与柱之间采用套筒连接,预制柱底留设套筒;梁柱构件采用强连接的方式连接,即梁柱节点预制并预留套筒,在梁柱跨中或节点梁柱面处设置钢筋套筒连接后用混凝土现浇连接。

2. 连接特点

鹿岛节点属于强节点,其节点核心区与梁在工厂整体预制,可以根据需要在不同的方向预留伸出钢筋,待现场拼装时插入其他构件的预留孔,进行灌浆连接。这种节点构件由于体积较大会造成节点运输与安装困难。

（十一）牛担板连接

1.基本原理

牛担板的连接方式是采用整片钢板为主要连接件,常用于预制次梁与预制主梁的连接。

2.设计要点

牛担板宜选用 Q235B 钢;次梁端部应伸出牛担板且伸出长度不小于 30mm;牛担板在次梁内置长度不小于 100mm,在次梁内的埋置部分两侧应对称布置抗剪栓钉,栓钉直径及数量应根据计算确定;牛担板厚度不应小于栓钉直径的 3/5;次梁端部 1.5 倍梁高范围内,箍筋间距不应大于 100mm。预制主梁与牛担板连接处应企口,企口下方应设置预埋件。安装完成后,企口内应采用灌浆料填实。

牛担板企口接头的承载力验算应符合下列规定:

(1)牛担板企口接头应能够承受施工及使用阶段的荷载。

(2)应验算牛担板截面在施工及使用阶段的抗弯、抗剪强度。

(3)应验算牛担板截面在施工及使用阶段的抗弯强度。

(4)应验算凹槽内部灌浆料未达到设计强度前,牛担板外挑部分的稳定承载力。

(5)各栓钉承受的剪力可参照高强度螺栓群剪力计算公式计算,栓钉规格应根据计算剪力确定。

(6)应验算牛担板搁置处的局部受压承载力。

3.施工工序以及操作要点

(1)施工工序。

牛担板埋入次梁→牛担板支撑件埋入主梁→梁吊装→节点灌浆。

(2)操作要点。

首先让合格的厂家按图纸加工牛担板以及牛担板支撑件,在梁模具组装完后吊入梁钢筋笼,在次梁两端装入牛担板,在主梁的相应位置装入牛担板支撑件,浇筑混凝土、养护、脱模、运输到堆场;梁运输到施工现场并安装到相应位置;最后在主次梁的节点接缝内灌入灌浆料。

（十二）螺栓连接

螺栓连接是用螺栓和预埋件将预制构件与主体结构进行连接。前面介绍的套筒灌浆连接、浆锚搭接连接等都属于湿连接,螺栓连接属于干式连接。

1.螺栓连接在装配整体式混凝土结构建筑中的应用

装配整体式混凝土结构中,螺栓连接主要用于外挂板和楼梯等非主体结构构件的连接。

(1)外挂板的安装节点都是螺栓连接。

(2)楼梯与主体结构的连接方式之一是螺栓连接。

2.螺栓连接在全装配式混凝土结构中的应用

螺栓连接是全装配式混凝土结构的主要连接方式,可以连接结构柱、梁。非抗震设计或低抗震设防烈度设计的低层或多层建筑,当采用全装配式混凝土结构时,可用螺栓连接主体结构。

第四节 防水施工与现场现浇部位施工

一、防水施工

建筑物的防水工程是建筑施工中非常重要的环节,防水效果的好坏直接影响建筑物的使用功能是否完善。相比于传统建筑,装配式建筑的防水理念发生了变化,形成了"导水优于堵水,排水优于防水"的设计理念。就是说要在设计时就考虑可能有一定的水流会突破外侧防水层,通过设计合理的排水路径将这部分突破而入的水引导到排水构造中,将其排出室外,避免其进一步渗透到室内。

装配式建筑屋面部分和地下结构部分多采用的是现浇混凝土结构,在防水施工中的具体操作方法可参照现浇混凝土建筑的防水方法。装配式建筑厨卫防水一般参考现浇混凝土建筑的防水做法,但装配式建筑采用的整体厨卫系统大多进行专业的防水设计,以保证整体防水效果,在此也不做介绍。装配式混凝土建筑的防水重点是预制构件间的防水处理,主要包括外挂板的防水和剪力墙结构建筑外立面防水。

（一）外挂板防水施工

采用外挂板时，可以分为封闭式防水和开放式防水。

封闭式防水最外侧为耐候密封胶，中间部分为减压空仓和高低缝构造，内侧为互相压紧的止水带。在墙面之间的"十"字接头处的止水带之外宜增加一道聚氨酯防水，其主要作用是利用聚氨酯良好的弹性封堵橡胶止水带相互错动可能产生的细微缝隙。对于防水要求特别高的房间或建筑，可以在橡胶止水带内侧全面实施聚氨酯防水，以增强防水的可靠性。每隔3层左右的距离设一处排水管，可有效地将渗入减压空间的水引导到室外。

开放式防水的内侧和中间结构与封闭式防水基本相同，只是最外侧防水不使用密封胶，而是采用一端预埋在墙板内，另一端伸出墙板外的幕帘状橡胶条，橡胶条互相搭接起到防水作用。同时防水构造外侧间隔一定距离设置不锈钢导气槽，同时起到平衡内外气压和排水的作用。

外挂板现场进行吊装前，应检查止水条的牢固性和完整性，吊装过程中应保护防水空腔、止水条、橡胶条与水平接缝等部位。防水密封胶封堵前，应将板缝及空腔清理干净，并保持干燥。密封胶应在外墙板校核固定后嵌填，注胶宽度和厚度应满足设计要求，密封胶应均匀顺直、饱满密实、表面平滑连续。"十"字接缝处密封胶封堵时应连续完成。

（二）剪力墙结构建筑外立面防水

采用装配式剪力墙结构时，外立面防水主要由胶缝防水、空腔构造、后浇混凝土三部分组成。

剪力墙结构后浇带应加强振捣，确保后浇混凝土的密实性。弹性密封防水材料、填充材料及密封胶使用前，均应确保界面和板缝清洁干燥，避免胶缝开裂。密封材料嵌填应饱满密实、均匀顺直、表面光滑连续。

（三）防水材料

防水密封材料是保证装配式混凝土建筑外墙防水工程质量的物质基础之一，其性能优劣关乎工程质量及装配式混凝土建筑的推广和普及。根据PC板的应用部位特点，选用密封胶时应关注的性能包括：

（1）抗位移性和蠕变性。预制板接缝部位在应用过程中，受环境温度变化会出现热胀冷缩现象,使得接缝尺寸发生循环变化,密封胶必须具备良好的抗位移能力及蠕变性能,以保证黏结面不易发生破坏。

(2)耐候性及耐久性。因为密封胶材料使用时间长且处于外露条件,所以采用的密封胶必须具有良好的耐久性和耐候性。

(3)黏结性。PC板主要结构组成为水泥混凝土,为保证密封效果,采用的密封胶必须与水泥混凝土基材良好黏结。

(4)防污性及涂装性能。密封胶作为外露密封使用,为整体美观需要还应具备防污性和可涂装性能。

(5)环保性。密封胶在生产和使用过程中应对人体和环境友好。

部分满足以上要求的密封胶品种包括硅酮建筑密封胶(SR 胶)、聚氨酯建筑密封胶(PU 胶)及改性硅酮密封胶(MS 胶)。

改性硅酮密封胶胶位移能力为超过 20% ,断裂伸长率达 500% ,无需底涂,对混凝土、石材和金属等基材黏接性好,绿色环保。通常,非暴露部位可使用低模量聚氨酯密封胶,而暴露部位使用低模量 MS 密封胶。硅酮密封胶虽然耐候性优良,但易污染墙面,无法涂装,加工后期修补困难,使用较少。

建筑防水中的防水材料还包括防水剂、防水涂料等新型防水材料,经过实验验证和评估后,可在装配式建筑中推广使用。

二、现场现浇部位施工

如何提高装配式建筑施工效率和质量是现场施工的重点和难点,除了本章前面讲述的现场堆放、安装、连接、防水等措施外,还有现场现浇部位施工中的钢筋绑扎、支撑搭设、模板施工、混凝土浇筑及养护等工艺。通过精细化施工、监管、验收来实现高效率高质量的装配式建筑成品。

(一)现场现浇部位钢筋施工

装配式结构现场钢筋施工主要集中在预制梁柱节点、墙墙连接节点、墙板现浇节点部位以及楼板、阳台叠合层部位。

1.预制柱现场钢筋施工

预制梁柱节点处的钢筋定位及绑扎对后期预制梁、柱的吊装定位至关重要。预制柱的钢筋应严格根据预留长度及定位装置尺寸来下料。预制柱的箍筋及纵筋绑扎时应先根据测量放线的尺寸进行初步定位,再通过定位钢板进行精细定位。精细定位后应通过卷尺复测纵筋之间的间距及每根纵筋的预留长度,确保量测精度达到规范要求的误差范围内。最后可通过焊接等固定措施保证钢筋的定位不被外力干扰,定位钢板在吊装本层预制柱时取出。

为了避免预制柱钢筋接头在混凝土浇筑时不被污染,应采取保护措施对钢筋接头进行保护。

2.预制梁现场钢筋施工

预制梁钢筋现场施工工艺应结合现场钢筋工人的施工技术难度进行优化调整,由于预制梁箍筋分整体封闭箍和组合封闭箍,封闭部分将不利于纵筋的穿插。为不破坏箍筋结构,现场工人被迫从预制梁端部将纵筋插入,这将大大增加施工难度。为避免以上问题,建议预制梁箍筋在设计时暂时不做成封闭形状,可等现场施工工人将纵筋绑扎完后再进行现场封闭处理。纵筋穿插完后将封闭箍筋绑扎至纵筋上,注意封闭箍筋的开口端应交替出现。堆放、运输、吊装时梁端钢筋要保持原有形状,不能出现钢筋撞弯的情况。

3.预制墙板现场钢筋施工

(1)钢筋连接。

竖向钢筋连接宜根据接头受力、施工工艺、施工部位等要求选用机械连接、焊接连接、绑扎搭接等连接方式,并应符合国家现行有关标准的规定。接头位置应设置在受力较小处。

(2)钢筋连接工艺流程。

套暗柱箍筋→连接竖向受力筋→在对角主筋上画箍筋间距线→绑箍筋。

(3)钢筋连接施工。

①装配式剪力墙结构暗柱节点主要有"一"形、"L"形和"T"形几种形式。由于两侧的预制墙板均有外伸钢筋,因此暗柱钢筋的安装难度较大。需要在深化设计阶段及构件生产阶段就进行暗柱节点钢筋穿插顺序分析研究,发现无法实施的节点,及早与设计单位进行沟通,避免现场施工时出现箍筋安装困难或临时切割的现象发生。

②后浇节点钢筋绑扎时,可采用人字梯作业,当绑扎部位高于围挡时,施工人员应佩戴穿芯自锁保险带并做可靠连接。

③在预制板上标定暗柱箍筋的位置,预先把箍筋交叉放置就位("L"形的将两方向箍筋依次置于两侧外伸钢筋上)。先对预留竖向连接钢筋位置进行校正,然

后再连接上部竖向钢筋。

4. 叠合板(阳台)现场钢筋施工

(1)叠合层钢筋绑扎前清理干净叠合板上杂物。上部受力钢筋带弯钩时,弯钩向下摆放,应保证钢筋搭接和间距符合设计要求。

(2)安装预制墙板用的斜支撑预埋件应及时埋设。预埋件定位应准确,并采取可靠的防污染措施。

(3)钢筋绑扎过程中,应注意避免局部钢筋堆载过大。

(4)为保证上铁钢筋的保护层厚度,可利用叠合板的桁架钢筋作为上铁钢筋的马凳。

(二)模板现场加工

在装配式建筑中,现浇节点的形式与尺寸重复较多,可采用铝模或者钢模。在现场组装模板时,施工人员应对照模板设计图纸有计划地进行对号分组安装,对安装过程中的累计误差进行分析,找出原因后做相应的调整措施。模板安装完后质检人员应做验收处理,验收合格签字确认后方可进行下一道工序。

(三)混凝土施工

混凝土施工应注意以下几点:

(1)预制剪力墙节点处混凝土浇筑时,由于此处节点一般高度高、长度短、钢筋密集,混凝土浇筑时要边浇筑边振捣,此处的混凝土浇筑须重视,否则很容易出现蜂窝、麻面、狗洞。

(2)为使叠合层具有良好的黏结性能,在混凝土浇筑前应对预制构件做粗糙面处理并对浇筑部位做清理润湿处理。同时,对浇筑部位的密封性进行检查验收,对缝隙处做密封处理,避免混凝土浇筑后的水泥浆溢出对预制构件造成污染。

(3)叠合层混凝土浇筑时,由于叠合层厚度较薄,所以应当使用平板振捣器振动,要尽量使混凝土中的气泡逸出,以保证振捣密实。叠合板混凝土浇筑应考虑叠合板受力均匀,可按照先内后外的浇筑顺序。

(4)浇水养护。要求保持混凝土湿润养护7d以上。

第六章　装配式建筑施工管理

第一节　专项施工方案的编制

一、专项施工方案的组成要素

专项施工方案编制过程中的组成要素如下：①工程概况；②施工安排；③施工进度计划；④施工准备与资源配置计划；⑤施工方法及工艺要求。

二、编制专项施工方案的具体要求

（一）工程概况

（1）工程概况应包括工程主要情况、设计说明和工程施工条件等。

（2）工程主要情况应包括分部（分项）工程或专项工程名称，工程参建单位的相关情况，工程的施工范围、施工合同、招标文件或总承包单位对工程施工的重点要求等。

（3）设计说明应主要介绍施工范围内的工程设计内容和相关要求。

（4）工程施工条件应重点说明与分部（分项）工程或专项工程相关的内容。

（5）装配式混凝土结构施工，除了应编制相应的施工方案外，还应把专项施工方案进行细化，具体内容如下：

①储存场地及道路方案;

②吊装方案(叠合板的吊装、预制墙板的吊装、楼梯的吊装);

③叠合板的排架方案(独立支撑);

④转换层施工、钢筋的精确定位方案;

⑤墙板的支撑方案(三角支撑);

⑥叠合层的浇筑、拼缝方案;

⑦叠合层与后浇带养护方案;

⑧注浆施工方案;

⑨外挂架使用方案。

(二)施工安排

(1)工程施工目标包括进度、质量、安全、环境和成本等目标,各项目标应满足施工合同、招标文件和总承包单位对工程施工的要求。

(2)工程施工顺序及施工流水段应在施工安排中确定。

(3)针对工程的重点和难点,进行施工安排,并简述主要管理和技术措施。

(4)工程管理的组织机构及岗位职责应在施工安排中确定,并应符合总承包单位的要求。

(三)施工进度计划

(1)分部(分项)工程或专项工程施工进度计划应按照施工安排,并结合总承包单位的施工进度计划进行编制。施工进度计划的编制应内容全面、安排合理、科学实用,在进度计划中应反映出各施工区段或各工序之间的搭接关系,施工期限和开始、结束时间。同时,施工进度计划应能体现和落实总体进度计划的目标控制要求;通过编制分部(分项)工程或专项工程进度计划,进而体现总进度计划的合理性。

(2)施工进度计划可采用网络图或横道图表示,并附必要说明。

(四)施工准备与资源配置计划

(1)施工准备应包括下列内容:

①技术准备:包括施工所需技术资料的准备、图纸深化和技术交底的要求、试验检验和测试工作计划、样板制作计划以及与相关单位的技术交接计划等。

②现场准备:包括生产、生活等临时设施的准备,以及与相关单位进行现场交接的计划等。

③资金准备:编制资金使用计划等。

(2)资源配置计划应包括下列内容:

①劳动力配置计划:确定工程用工量,并编制专业工种劳动力计划表。

②物资配置计划:包括工程材料和设备配置计划、周转材料和施工机具配置计划,以及计量、测量和检验仪器配置计划等。

(五)施工方法及工艺要求

(1)明确分部(分项)工程或专项工程施工方法,并进行必要的技术核算,对主要分项工程(工序)明确施工工艺要求。施工方法是工程施工期间所采用的技术方案、工艺流程、组织措施、检验手段等。它直接影响施工进度、质量、安全以及工程成本。本条所规定的内容应比施工组织总设计和单位工程施工组织设计的相关内容更细化。

(2)对易发生质量通病、易出现安全问题、施工难度大、技术含量高的分项工程(工序)等应做出重点说明。

(3)对开发和使用的新技术、新工艺以及采用的新材料、新设备,应通过必要的试验或论证并制订计划。对于工程中推广应用的新技术、新工艺、新材料和新设备,可以采用目前国家和地方推广的,也可以根据工程具体情况由企业创新;对于企业创新的技术和工艺,要制定理论和试验研究实施方案,并组织鉴定评价。

(4)对季节性施工应提出具体要求。根据施工地点的实际气候特点,提出具有针对性的施工措施。在施工过程中,还应根据气象部门的预报资料,对具体措施进行细化。

第二节　装配式工程安全施工技术

一、钢结构工程安全施工技术

（一）钢结构构件制作

（1）钢结构构件制作前应编制施工方案，制定保证安全的技术措施，并向操作人员进行安全教育和安全技术交底。

（2）操作各种加工机械及电动工具的人员，应经专门培训，考试合格后方准上岗，操作时应遵守各种机械及电动工具的操作规程。

（3）构件翻身起吊绑扎必须牢固，起吊点应通过构件的重心位置，吊升时应平稳，避免振动或摆动。在构件就位并临时固定前，不得解开索具或拆除临时固定工具，以防脱落伤人。

（4）钢结构制作场地用电应有专人负责安装、维护和管理用电和用电线路。架设的低压线路不得用裸导线，电线铺设要防砸、防碰撞、防挤压，以防触电。起重机在电线下进行作业时，应保持规定的安全距离。电焊机的电源线长度不宜超过5m，并应架高。电焊线和电线要远离起重钢丝绳2m以上，电焊线在地面上与钢丝绳和钢构件相接触时，应有绝缘隔离措施。

（5）各种用电加工机械设备，必须有良好的接地和接零。接地线应用截面不小于25mm² 的多股软裸铜线和专用线夹，不得用缠绕的方法进行接地和接零。同一供电网不得有的接地、有的接零。

（6）在雨期或潮湿地点加工钢结构，铆工、电焊工应戴绝缘手套和穿绝缘胶鞋，以防操作时漏电伤人。

（7）电焊机、氧气瓶、乙炔发生器等在夏季使用时，应采取措施，避免烈日曝晒，与火源应保持10m以上的距离，此外还应防止与机械油接触，以免发生爆炸。

（8）现场电焊、气焊要有专人看火管理；焊接场地周围5m以内严禁堆放易燃品；用火场所要备有消防器材、器具和消火栓；现场用空压机罐、乙炔瓶、氧气瓶等，应在安全可靠地点存放,使用时要建立制度,按安全规程操作,并加强检查。

(二)钢结构安装

(1)钢结构安装起重设备行走路线应坚实、平整,停放地点应平坦;严禁超负荷吊装,操作时避免斜吊,同时不得起吊质量不明的钢构件。

(2)钢柱、梁、屋架等安装就位后应随即校正、固定,并将支撑系统安装好,使其形成稳定的空间体系。如不能很快固定,刮风天气应设风缆绳或用 8 号钢丝与已安装固定的构件连接,以防失稳、变形、倾斜。对已就位的钢构件,必须完成临时或最后固定后,方可进行下道工序作业。

(3)高空作业使用的撬杠和其他工具应防止坠落;高空用的梯子、吊篮、临时操作台应绑扎牢靠,跳板应铺平绑扎,严禁出现挑头板。

(4)钢结构构件已经固定后,不得随意用撬杠撬动或移动位置,如需重新校正时,必须回钩。

(5)安装现场用电要有专人管理,各种电线接头应装入开关箱内,用后加锁。塔式起重机或长臂杆的起重设备,应有避雷设施。

(6)高空安装钢结构应设操作平台,四周应设护栏,操作人员应戴安全帽、系安全带;携带工具、垫铁、焊条、螺栓等应放入随身佩带的工具袋内;在高空传递时,应有保险绳,不得随意上下抛掷,防止脱落伤人或发生意外伤害。钢檩条、水平支撑、压型板安装时,下部应挂安全网,四周设安全栏杆。

(三)焊接连接

(1)焊接设备外壳必须接地或接零,焊接电缆、焊钳及连接部分应有良好的接触和可靠的绝缘。

(2)焊接前应设漏电保护开关。装拆焊接设备与电网连接部分时,必须切断电源。

(3)高空焊接时,焊工应系安全带,随身工具及焊条均应放在专门背袋中。在同一作业面上下交叉作业处应设安全隔离措施。

(4)焊接操作场所周围 5m 以内不得有易燃、易爆物品,并在附近配备消防器材。

(5)焊工应经过培训、考试合格,进行安全教育和安全交底后方可上岗施焊。

(6)焊工操作时必须穿戴防护用品,如工作服、手套、胶鞋,并应保持干燥和完好。焊接时必须戴内镶有滤光玻璃的防护面罩。

（7）焊接工作场所应有良好的通风、排气装置，并有良好的照明设施。

（四）高强螺栓连接

（1）使用活动扳手的扳口尺寸应与螺母尺寸相符，不应在手柄上加套管。高空操作应使用死扳手，如使用活扳手时，要用绳子拴牢，操作人员要系安全带。

（2）扭剪型高强螺栓，扭下的梅花卡头应放在工具袋内，不得随意乱扔，防止从高空掉下伤人。

（3）使用机具应经常检查，防止漏电和受潮。

（4）严禁在雨天或潮湿条件下使用高强螺栓扳手。

（5）钢构件组装安装螺栓时，应先用钎子对准孔位，严禁用手指插入连接面或螺栓孔对正。取放钢垫板时，手指应放在钢垫板的两侧。

二、结构安装的安全技术措施

（一）结构安装工程安全措施

（1）起重机的行驶道路必须平整坚实，对于坑穴和松软土层要进行处理。无论在何种情况下，起重机都不准停在斜坡上，尤其是不能在斜坡上进行吊装工作。

（2）在吊装前应充分了解吊装的最大质量，一般不得超载吊装。在特殊情况下难免超载时应采取保护措施，如在起重机吊杆上拉缆风绳或在起重机尾部增加平衡重等。

（3）严格禁止斜吊。斜吊是指所要吊起的重物不在起重机起重臂顶的正下方，当捆绑重物的吊索挂上吊钩后，吊钩滑轮组与地面不垂直，而与水平线成一个夹角。斜吊会造成超负荷及钢丝绳出槽，甚至造成重物地面产生快速摆动，不仅使起重机不稳定，而且还可能碰伤人或其他物体。

（4）当吊装一定质量的构件行驶时，应特别注意两个问题：一是道路一定要平整，不能有凹凸不平现象；二是负荷要有一定限制，尽量不能满负荷行驶。

（5）吊装操作人员在高空作业时，必须正确使用安全带。安全带正确的使用方法一般应高挂低用，即将安全带绳端的钩环挂于高处，人在低处进行操作。

（6）安装有预留洞口的楼板或屋面板时，应及时用木板将孔洞封盖或及时设置防护栏杆、安全网等防坠落措施。电梯井口必须设置防护栏杆或固定栅门;电梯井内应每隔两层并最多每隔10m设置一道安全网。

(7)在进行屋架和梁等重型构件安装时,必须搭设牢固可靠的操作平台。需要在梁上行走时,应设置护栏横杆或绳索。

(二)结构安装工程质量要求

(1)预制构件应进行结构性能检验。结构性能检验不合格的预制构件不得用于混凝土结构。预制构件应在明显部位标明生产单位、构件型号、生产日期和质量验收标志。构件上的预埋件、插筋和孔洞的规格、位置和数量应符合标准图或设计要求。

(2)在进行构件的运输或吊装前,必须对构件的制作质量进行复查验收。在此之前,制作单位应当先进行自查,然后向运输或吊装单位提交构件出厂证明书,并附有混凝土试块强度报告,并在自查合格的构件上加盖"合格"印章。

(3)为保证构件在吊装中不产生断裂,吊装时对构件混凝土的强度、预应力混凝土构件孔道灌浆的水泥砂浆强度、下层结构承受内力的接头(接缝)混凝土或砂浆强度,必须进行试验且应达到设计要求。当设计无具体要求时,混凝土强度不应低于设计的混凝土立方体抗压强度标准值的75%,预应力混凝土构件孔道灌浆的强度不应低于15MPa,下层结构承受内力的接头(接缝)的混凝土或砂浆强度不应低于10MPa。

(4)保证混凝土预制构件的型号、位置和支点锚固质量符合设计要求,并且无变形损坏现象。

(5)对设计成熟、生产数量少的大型构件,当采取"加强材料和制作质量检验的措施"时,可只做挠度、抗裂或裂缝宽度检验;当采取上述措施并有可靠的实践经验时,也可不做结构性能检验。

第三节 主要施工管理计划

一、主要施工管理计划的组成

主要施工管理计划主要涉及进度、质量、安全和成本等方面内容,具体内容有进度管理、质量管理、安全管理、成本管理、环境管理和其他管理。

二、主要施工管理计划的具体内容

(一)进度管理计划

(1)项目施工进度管理应按照项目施工的技术规律和合理的施工顺序,保证各工序在时间上和空间上顺利衔接。

不同的工程项目,其施工技术规律和施工顺序不同。即使是同一类工程项目,其施工顺序也难以做到完全相同。因此必须根据工程特点,按照施工的技术规律和合理的组织关系,解决各工序在时间和空间上的先后顺序和搭接问题,以达到保证质量、安全施工、充分利用空间、争取时间、实现经济合理安排进度的目的。

(2)进度管理计划应包括下列内容:

①对项目施工进度计划进行逐级分解,通过阶段性目标的实现保证最终工期目标的完成;在施工活动中通常是通过对最基础的分部(分项)工程的施工进度控制来保证各个单项(单位)工程或阶段工程进度控制目标的完成,进而实现项目施工进度控制总体目标。因而需要将总体进度计划进行一系列从总体到细部、从高层次到基础层次的层层分解,一直分解到在施工现场可以直接调度控制的分部(分项)工程或施工作业过程为止。

②建立施工进度管理的组织机构并明确职责,制定相应管理制度;施工进度管理的组织机构是实现进度计划的组织保证。它既是施工进度计划的实施组织,又是施工进度计划的控制组织;既要承担进度计划实施赋予的生产管理和施工任务,

又要承担进度控制目标,对进度控制负责,因此需要严格落实有关管理制度和职责。

③针对不同施工阶段的特点,制定进度管理的相应措施,包括施工组织措施、技术措施和合同措施等。

④建立施工进度动态管理机制,及时纠正施工过程中的进度偏差,并制定特殊情况下的赶工措施;面对不断变化的客观条件,施工进度往往会产生偏差;当发生实际进度比计划进度超前或落后时,控制系统就要做出应有的反应,分析偏差产生的原因,采取相应的措施,调整原来的计划,使施工活动在新的起点上按调整后的计划继续运行,如此循环往复,直至预期计划目标实现。

⑤根据项目周边环境特点,制定相应的协调措施,减少外部因素对施工进度的影响。项目周边环境是影响施工进度的重要因素之一,其不可控性大,必须重视诸如环境扰民、交通组织和偶发意外等因素,采取相应的协调措施。

(二)质量管理计划

质量管理计划应包括下列内容:

(1)按照项目具体要求确定质量目标并进行目标分解。质量指标应具有可测量性;应制定具体的项目质量目标,质量目标应不低于工程合同明示的要求;质量目标应尽可能地量化和层层分解到最基层,建立阶段性目标。

(2)建立项目质量管理的组织机构并明确职责:应明确质量管理组织机构中各重要岗位的职责,与质量有关的各岗位人员应具备与职责要求匹配的相应知识、能力和经验。

(3)制定符合项目特点的技术保障和资源保障措施,通过可靠的预防控制措施,保证质量目标的实现。应采取各种有效措施,确保项目质量目标的实现。这些措施包含但不局限于:原材料、构配件、机具的要求和检验,主要的施工工艺,主要的质量标准和检验方法,夏期、冬期和雨期施工的技术措施,关键过程、特殊过程、重点工序的质量保证措施,成品、半成品的保护措施,工作场所环境,以及劳动力和资金保障措施等。

(4)建立质量过程检查制度,并对质量事故的处理做出相应规定;按质量管理八项原则中的过程方法要求,将各项活动和相关资源作为过程进行管理,建立质量过程检查、验收以及质量责任制等相关制度,对质量检查和验收标准做出规定,采取有效的纠正和预防措施,保障各工序和过程的质量。

（三）安全管理计划

（1）安全管理计划应包括下列内容：

①确定项目重要危险源，制定项目职业健康安全管理目标。

②建立有管理层次的项目安全管理组织机构并明确职责。

③根据项目特点，进行职业健康安全方面的资源配置。

④建立具有针对性的安全生产管理制度和职工安全教育培训制度。

⑤针对项目重要危险源，制定相应的安全技术措施；对达到一定规模的危险性较大的分部（分项）工程和特殊工种的作业，应制订专项安全技术措施的编制计划。

⑥根据季节、气候的变化制定相应的季节性安全施工措施。

（2）施工单位应对从事预制构件吊装作业及相关人员进行安全培训与交底，明确预制构件进场、卸车、存放、吊装、就位各环节的作业风险，并制定防止危险情况的处理措施。

（3）预制构件卸车时，应按照规定的装卸顺序进行，确保车辆平衡，避免由于卸车顺序不合理导致车辆倾覆。

（4）预制构件卸车后，应将构件按编号或使用顺序，合理有序存放于构件存放场地，并应设置临时固定措施或采用专用插放支架存放，避免构件失稳造成构件倾覆。水平构件吊点进场时必须进行明显标识。构件吊装和翻身扶直时的吊点必须符合设计规定。异型构件或无设计规定时，应经计算确定并保证构件起吊平稳。

（5）安装作业开始前，应对安装作业区进行围护并做出明显的标识，拉警戒线，并派专人看管，严禁与安装作业无关的人员进入。

（6）已安装好的结构构件，未经有关设计和技术部门批准，不得用作受力支承点和在构件上随意凿洞开孔。不得在其上堆放超过设计荷载的施工荷载。

（7）对起吊物进行移动、吊升、停止、安装时的全过程应用旗语或者通用手势信号进行指挥，信号不明不得启动，上下相互协调联系应采用对讲机。

（8）吊机吊装区域内，非作业人员严禁进入。吊运预制构件时，构件下方严禁站人，应待预制构件降落至距地面1m以内方准作业人员靠近，就位固定后方可脱钩。

①吊起的构件应确保在起重机吊杆顶的正下方，严禁采用斜拉、斜吊，严禁起吊埋于地下或黏结在地面上的构件。

②开始起吊时，应先将构件吊离地面200～300mm后停止起吊，并检查起重机

的稳定性、制动装置的可靠性、构件的平衡性和绑扎的牢固性等,待确认无误后,方可继续起吊。已吊起的构件不得长久停滞在空中。

(9)装配式结构在绑扎柱、墙钢筋时,应采用专用高凳作业,当高于围挡时,作业人员应佩戴穿芯自锁保险带。

(10)遇到雨、雪、雾天气,或者风力大于5级时,不得进行吊装作业。事后应及时清理冰雪并应采取防滑和防漏电措施。雨、雪过后作业前,应先试吊,确认制动器灵敏可靠后方可进行作业。

(四)成本管理计划

(1)成本管理计划应以项目施工预算和施工进度计划为依据编制。

(2)成本管理计划应包括下列内容:

①根据项目施工预算,制定项目施工成本目标。

②根据施工进度计划,对项目施工成本目标进行阶段分解。

③建立施工成本管理的组织机构并明确职责,制定相应管理制度。

④采取合理的技术、组织和合同等措施,控制施工成本。

⑤确定科学的成本分析方法,制定必要的纠偏措施和风险控制措施。

(3)必须正确处理成本与进度、质量、安全和环境等之间的关系;成本管理是与进度管理、质量管理、安全管理和环境管理等同时进行的,是针对整体施工目标系统所实施的管理活动的一个组成部分。在成本管理中,要协调好与进度、质量、安全和环境等的关系,不能片面强调成本节约。

(五)环境管理计划

(1)环境管理计划应包括下列内容:

①确定项目重要环境因素,制定项目环境管理目标。

②建立项目环境管理的组织机构并明确职责。

③根据项目特点进行环境保护方面的资源配置。

④制定现场环境保护的控制措施。

⑤建立现场环境检查制度,并对环境事故的处理做出相应的规定。

⑥一般来讲,建筑工程常见的环境因素包括如下内容:大气污染、垃圾污染、光污染、放射性污染、生产及生活污水排放、建筑施工中建筑机械发出的噪声和强烈的振动。

（2）现场环境管理应符合国家和地方政府有关部门的要求。

（3）预制构件运输过程中,应保持车辆整洁,防止对场内道路的污染,并减少扬尘。

（4）现场各类预制构件应分别集中存放整齐,并悬挂标识牌,严禁乱堆乱放,不得占用施工临时道路,并做好防护隔离。

（5）夹心保温外墙板和预制外墙板内的保温材料如采用黏结板块或喷涂工艺的保温材料,其组成原材料应彼此兼容,并应对人体和环境无害。

（6）预制构件施工中产生的胶黏剂、稀释剂等易燃、易爆化学制品的废弃物应及时收集送至指定储存器内并按规定回收,严禁丢弃未经处理的废弃物。

（7）在预制构件安装施工期间,应严格控制噪声,遵守《建筑施工场界噪声限值》GB 12523 的规定,加强环保意识的宣传。采用有力措施控制人为的施工噪声,严格管理,最大限度地减少噪声扰民。

（六）其他管理计划

（1）其他管理计划宜包括绿色施工管理计划、防火保安管理计划、合同管理计划、组织协调管理计划、创优质工程管理计划、质量保修管理计划,以及对施工现场人力资源、施工机具、材料设备等生产要素的管理计划等。

（2）其他管理计划可根据项目的特点和复杂程度加以取舍。

（3）各项管理计划的内容应有目标,有组织机构,有资源配置,有管理制度和技术、组织措施等。

第七章　绿色建筑景观设计的概念

21世纪人类共同的主题是可持续发展。城市建筑也由传统高消耗型发展模式转向可持续发展的道路,而绿色建筑正是实施这一转变的必由之路。绿色建筑的理念普及、建造和技术的推广,涉及社会的多个层面,需要多种学科的参与。众多绿色建筑设计和实践经验证明,由于建筑周围的景观不仅具有重要的美学价值,还具有重要的生态意义。因此,绿色建筑环境景观设计和应用是绿色建筑设计不可缺少的重要组成部分。

对于绿色建筑来说,"绿色景观"是指任何与生态过程相协调,且对环境的破坏达到最小程度的建筑景观。绿色景观的生态设计反映了人类的一个新的梦想、一种新的美学观和价值观、人与自然的真正的合作与友爱的关系。

第一节　可持续景观设计基本知识

在人类漫长的发展史中,人类对于环境的认识随着时代的变化而不断地发展。最初人类对自然环境是高度依赖的,从自然环境中索取所需要的生活物质,自然也在人类的活动中变得更加美丽。随着科学技术的进步,人类开始大力开发和利用自然,而今全球工业化、城市化进程加快,人类对自然资源过度地滥用与开发,导致了自然环境满目疮痍,已经严重威胁到人类的生存。

一、可持续景观设计的内涵

绿色生态建筑的内涵和目标原则是针对生态人居系统建设与运行的,首先是选择适宜的生态系统空间,进行人居系统受限的空间功能组织、容量调控和资源配置,建立人与自然之间和谐、安全、健康的共生关系,以最低程度消耗地球资源、最高效率使用资源、最大限度满足人类宜居、舒适生存需求为目的。

生态城市从广义上讲,是建立在人类对人与自然关系更深刻认识基础上的新的文化观,是按照生态学原则建立起来的社会、经济、自然协调发展的新型社会关系,是有效地利用环境资源并实现可持续发展的新的生产和生活方式。狭义地讲,就是按照生态学原理进行可持续景观设计,建立高效、和谐、健康、可持续发展的人类聚居环境。

绿色生态建筑是一项以建筑为切入点、以人与环境的和谐发展为目标、以环境质量建设为主要内容的系统工程。可持续景观作为一种生物性手段,在对环境进行生态补偿、提高外围护结构节能效果等方面都具有独特作用。可持续景观设计从不同层面折射出人类的自然观、环境观和审美观。

进入 21 世纪,科学与技术产生了巨大的变化,与之相应,人类的自然观、环境观、价值观、审美观、幸福观等,也在不断地发展、丰富和变化,风景园林学(景观学)的发展已突破传统园林景观的研究范畴。在绿色低碳的经济时代,关注环境整体的可持续性是现代风景园林学(景观学)的基本价值观;尊重自然、尊重场所、尊重使用者是现代景观设计的三项基本原则;创造生态安全、文化丰富的和谐"生境",是现代风景园林学的主要任务。

二、集约化景观设计策略

"集约化"原是经济领域中的术语,本意是指在最充分利用一切资源的基础上,更集中合理地运用现代管理与技术,充分发挥人力资源的积极效应,以提高工作效益和效率的一种形式。集约化设计就是具有集约化特点的高效益和高效率的一种设计。

可持续景观规划设计要遵循资源节约型、环境友好型的发展道路,就必须以最少的用地、最少的用水、适当的资金投入,选择对生态环境最少干扰的景观设计营建模式,以因地制宜为基本准则,使园林绿化与周围的建成环境相得益彰,为城市居民提供最高效的生态保障系统。建设节约型景观环境是落实科学发展观的必然要求,是构建资源节约型、环境友好型社会的重要载体,是城市可持续发展的生态基础。

节约型景观并不是建设简陋型、粗糙型城市景观环境,而是控制投入与产出比,通过因地制宜、物尽其用,营建特色鲜明的景观环境,引导城市景观环境发展模式的转变,实现城市景观生态基础设施量增长方式的可持续发展。建设集约化景观,就是在景观规划设计中充分落实和体现"3R"原则,即对资源的减量利用、再利用和循环利用,这也是走向绿色城市景观的必由之路。根据我国的实践经验,集约化景观设计体系主要包括以下内容。

(1)应最大限度地发挥生态效益与环境效益。在可持续景观环境建设中,通过集约化设计整合既有资源,充分发挥"集聚"效应和"联动"效应,使环境的生态效益和环境效益得到充分发挥。

(2)应满足人们合理的物质需求与精神需求。景观环境建设的目的之一是满足人们生活和游憩等方面的需求。

(3)应最大限度地节约自然资源与各种能源。随着经济社会的不断发展,资源消耗日益严重,自然资源面临着巨大的破坏和使用,产生不断退化现象,资源基础持续减弱。保护生态环境、节约自然资源和合理利用能源,是保证经济、资源、环境的协调、可持续发展的重点。

(4)应提高资源与能源的利用率工程。实践证明,现代景观设计应倡导清洁能源的利用,这对于构筑可持续景观环境是非常有效的。集约化景观设计则要求努力提高资源利用效率,这是实现资源节约型、环境友好型景观设计的重要途径。

(5)应以最合理的投入获得最适宜的综合效益。集约化景观设计追求投入与产出比的最大化,即综合效益的最适应。集约化设计不意味着减少投入和粗制滥造,而是要求能效比最优化的设计。

推动集约化景观规划设计理论与方法的创新,关键要针对长久以来研究过程中普遍存在的主观性、模糊性和随机性的缺憾,还有随之产生的工程造价及养护管理费用居高不下,以及环境效应不高等问题。集约化景观设计体系以当代先进的量化技术为平台,依托数字化叠图技术、GIS技术等数字化设计辅助手段,由环境分析、设计、营造和维护管理,建立全程可控、交互反馈的集约化景观规划设计方法体系,以准确、严谨的指数分析,评测、监控景观规划设计的全程,科学、严肃地界定集约化景观的基本范畴,集约化景观规划设计如何进行操作,进行集约化景观规划设计要依据怎样的量化技术平台是集约化设计的核心问题之一,进而为集约化景观规划设计提供明确、翔实的科学依据,推动其实现思想观念、关键技术、设计方法的整合,向"数字化"的景观环境规划设计体系迈出重要的一步。

集约化景观环境规划设计方法的研究应以创建集约、环保、科学的景观规划设计方法为目标,以具有中国特色的集约理念所引发的景观环境设计观念重构为契机,探讨集约化景观规划设计的实施路径、适宜策略和技术手段,以实现当代景观规划设计的观念创新、机制创新、技术创新,进而开创可量化、可比较、可操作的集约化景观数字化设计途径为目的。

随着时代的进步,社会对城市规划设计提出了更新和更高的要求,环境美学原理在城市规划中就起到了关键作用。此外,现在人们的生活质量的不断提高,对生活的各方面都提出了美的需求。景观作为当今人们休闲与享乐的驿站,其设计与创作也在随着人们对生活和艺术中美的要求不断发展,设计者们已巧妙地将美学中的一些原理运用到作品中,从而更好地发掘美的精华,给人们创造一个美好的生活环境和景观环境。景观环境是指由各类自然景观资源和人文景观资源所组成的,具有观赏价值、人文价值和生态价值的空间关系。景观环境分为风景环境和建成环境两大类。

风景环境是在保护生物多样性的基础上有选择地利用自然资源,风景环境受人为扰动影响比较少,其过程大多为纯粹的自然进程,风景环境保护区等大量的原生态区域属于此类,对于这类景观环境应尽可能减少人为干预,减少人工设施,保护自然过程,不破坏自然系统的自我再生能力,无为而治更合乎可持续发展的精神。风景环境中还存在一些人为干扰的景观,由于使用目的的不同,此类环境不同程度地改变了原来的自然存在状态。对于这一类风景环境,应当区分对象所处区位、使用要求的不同,分别采取相应的措施。或以修复生态环境,恢复其原生状为目标;或辅以人工改造,优化景观格局,使人为景观有机融入风景环境中。

建成环境致力于建成环境内景观资源的整合利用与景观格局结构的优化。在建成环境中,人为因素占主导地位,湖泊、河流、山体等自然环境更多地以片段的形式存在于"人工设施"之中,生态廊道被城市道路、建筑物等"切断",从而形成了一个个颇为独立的景观斑块,各个片段彼此孤立存在,缺少联系和沟通。因此,在城市环境建设中,充分利用自然条件,强调构筑自然斑块之间的联系的同时,还需对景观环境不理想的区段加以梳理和优化,以满足人们物质和精神生活的需求。

长期以来,景观环境的营造意味着以人为主导,以服务和满足人的需求为主要目标,往往在所谓的"尊重自然、利用自然"的前提下,造成了自然环境的恶化,如水土流失、土壤沙化、水体富营养化、地带性植被消失、物种单一等生态隐患。景观环境的营造并未能真正从生态过程角度实现资源环境的可持续利用。因此,可持续景观设计不应仅仅关注景观表象、外在的形式,更应研究风景环境与建成环境内在的机制与过程。针对不同场地生态条件的特性展开研究,分析环境本身的优势和劣势,充分利用有利条件,弥补现实不足,使环境整体朝着优化的方向发展。

城市建设景观设计要与城市中的山水名胜相融合,有关部门要高度重视环境设计。我国一些城市的景观建设在很多方面存在不足,例如近年来不少城镇,不分地域特色、不分城镇大小、不顾经济承受能力、不管自然环境等客观情况,相继实施"城镇美化运动""景观大道"等破坏性建设行为,把河堤、沙滩、山坡等适应植物生长的自然风景景观一律铲除,改由建成景观取代,这其实是对城市景观设计的误解。事实上,自然风景景观是城市景观建设的有机组成部分。因此,要高度重视对城市自然风景景观的保护和建设。自然景观为城市景观的多样性增添了新的创意;人工景观,如包括植物造景、水景、石景、标志性建筑等在内的园林景观以及包括单体建筑、建筑群、街景等在内的建筑景观,与自然风景景观相映成趣。在塑造城市形象时,应合理搭配自然风景景观和建成景观,使两者比例协调。

第二节　景观设计的元素解析

景观设计是城市设计不可分割的重要组成部分,也是形成一个城市面貌的决定性因素之一。景观设计涉及的领域和内容相当广泛,包括了城市空间的处理,原有场地特点的利用,与周围环境之间的联系,广场、步行街的布置,街道小品以及市政设施的设置等,既涉及景观的功能,又涉及人的视觉及心理问题。传统的景观设计概念以绿化为主,随着城市的现代化进程加快和城市人口的大量增加,对景观的功能要求日益突出,同时在美学上也要求更加丰富和多样化,所以如何科学合理地利用景观设计的元素,是景观设计工作者应当重视的问题。

景观是人类文化活动与自然共同作用的结果,建筑环境景观主要是指室外景观。室外景观由丰富的环境要素组成,主要可以分为自然环境要素和人工环境要素两大方面。自然环境要素是一切非人类创造的直接或间接影响到人类生活和生产环境的自然界中各个独立的、性质不同而又有总体演化规律的基本物质组分,包括水、大气、生物、阳光、土壤、岩石等。自然环境各要素之间相互影响、相互制约,通过物质转换和能量传递两种方式密切联系。人工环境要素是指由于人类活动而形成的环境要素,它包括由人工形成的物质能量和精神产品以及人类活动过程中所形成的人与人的关系,后者也称为社会环境。这种人为加工形成的生活环境,包括住宅的设计和配套、公共服务设施、交通、电话、供水、供气、绿化等。

一、自然生态要素

自然生态要素是基于生态环境中的重要因素,是指与人类密切相关的、影响人类生活和生产活动的各种自然力量或作用总和的要素。自然生态要素主要包括动物、植物、微生物、土地、矿物、海洋、河流、阳光、大气、水分等天然物质要素,以及地面、地下的各种建筑物和相关设施等人工物质要素。

二、自然要素

生态景观中的自然要素是人们感觉最为亲切的景观内容。自然要素一般由水、石、地形、植物等组成。景观设计就是充分利用这些要素的各自特性与存在方式,营造出影响人们审美的不同方式和视觉氛围,自然要素在不同的环境中形成了各自不同的景观特色。它们所构成的园林景观的自然氛围是现代人追求的理想景观环境。

(一)地理环境

地理环境是指一定社会所处的地理位置以及与此相联系的各种自然条件的总和,包括气候、土地、河流、湖泊、山脉、矿藏以及动植物资源等。地理环境是能量的交错带,位于地球表层,是由岩石、地貌、土壤、水、气候、生物等自然要素构成的自然综合体。地理环境决定了景观的地域特色,并随着空间位置的不同产生丰富的景观类型。如随着纬度的不同,人们可以看到四季更替在不同区域形成的鲜明的景观季候差异。

(二)地形条件

地形指的是地表各种各样的形态,具体指地表以上分布的固定性物体共同呈现出的高低起伏的各种状态。地形与地貌不完全一样,地形偏向于局部,地貌则一定是整体特征。地形是地表起伏的形态特征,是进行景观设计的主要界面之一。地表形态特征主要包括山、坡、沟、谷、平原、高地等,它不仅代表了丰富的景观现象,而且对环境的视觉质量和舒适度的影响十分显著。中国古代的"风水"理论,就非常重视对地形的考察和勘测,其内容就是对地形的相貌,以及地形给人们安居乐业的生活前景带来的影响的评估。

地形是进行可持续景观设计的基础面,是产生空间感和美感的水平要素。作为景观设计的主要界面,与天空和竖向界面相比,地形具有灵活、多样、方便的表现形式。利用地形的高低起伏来塑造空间,能够起到丰富空间层次、强化视觉和运动体验的效果。

(三)微观环境

微观环境又称为微观物理环境或小气候,用来描述小范围内的气候变化。微观环境是指在很小的尺度范围内,各种气象要素在垂直方向和水平方向上的变化,从而显示出空气质量、温度、湿度、风、日照等环境要素在小范围空间内所达到的质量。这种小尺度范围的气候变化通常由以下因素引起:光照条件、地表的坡度和坡向、土壤类型和湿度、岩石性质、植被类型和高度、空气的流通、地面材质及各种人为因素。这些微小变化与建筑和开放空间的设计有直接的联系。

对于景观的感知是一种综合体验的过程,包括我们的视觉环境和非视觉环境两方面内容,例如空气的质量、空气中的湿度、风的速度,以及声音和味道等物理条件。场地内看不见的要素与可视环境有着十分密切的联系,视觉环境实际上是场地各项要素综合作用的结果。因此,充分考虑各项物理因素对场地内、外环境和景观质量的影响是非常必要的。

(四)植物环境与景观设计

植物环境构成了大部分地域环境内主要的景观要素,植被特色可以直接反映地域的自然风貌。植物对人类赖以生存的地球环境,尤其是对城市环境有着非常重要的影响。植物是生态的重要组成部分,也是最常见的景观材料。归纳起来,植物对于人类具有如下作用。

(1)利用光能,制造氧气。据估算,地球每年入射太阳光能 $5.4×10^{24}$ J,绿色植物年固定太阳能大约为 $5×10^{21}$ J;这些能量就是地球包括人类和各种动物在内的所有异养生物赖以生存的能量基础。此外,每公顷森林和公园绿地,夏季每天分别释放 750kg 和 600kg 的 O_2,全球绿色植物每年放出的 O_2 总量约为 1000 多亿吨。

(2)固定 CO_2,合成有机物。每公顷森林和公园绿地,每天可分别吸收固定 1050kg 和 900kg 的 CO_2。

(3)防风固沙,加速降尘。在风害区营造防护林带,风速可降低 30% 左右;有防护林带的农田比没有的要增产 20% 左右。森林的叶面积总和可达它占地面积的 75 倍,一棵成形的白皮松大约拥有针叶 660 万个,一棵成年椴树的叶总面积在 30000m² 以上。大的叶面积和叶片上的毛状结构对尘埃有很大吸附作用。

(4)保持水土,涵养水源。在林木茂盛的地区,地表径流只占总雨量的 10% 以下;平时一次降雨,树冠可截留 15% 至 40% 的降雨量;枯枝落叶持水量可达自身重量的 2 ~ 4 倍。

(5)调节气候,增加降水。

(6)吸收毒物,杀灭病菌。

(7)减弱噪声,利人健康。

(8)五颜六色,美化生活。植物是绿化美化城乡的最佳材料。五颜六色的植物花朵、许多植物散发的芳香,给人以赏心悦目、心旷神怡的感觉。例如菊花的香味对头痛、头晕和感冒均有疗效。绿地和森林里的新鲜空气中含有丰富的负氧离子,负氧离子能给人以清新的感觉,对肺病有一定治疗作用。此外,环境绿化好的地方,事故发生率减少 40% ,工作效率可提高 15% ~ 35% 。优美的环境还能极大地激发人的创造和创作灵感。

第三节　景观设计的原则与方法

景观一般是指某地区或某种类型的自然景色,同时也指人工创造的景观,常指自然景色、景象。景观不仅是人类观赏的空间,而且还是供人们使用和体验的空间,景观的美学质量高低,更多地取决于人们根据在景观中的动态体验而形成的综合评价。

一、景观设计的原则

在现阶段的社会发展之中,生态学已经拓展到人类生活的诸多方面,遍布城市建设的大街小巷,而且也越来越受到人们的重视和认可。特别是从工业革命以来,伴随着生态危机的不断加剧,各地环境污染等问题不断涌现,造成了巨大的经济损失,同时也给人们生活和生产带来了严重影响。在目前的人类生活中,水土流失、沙尘暴、水资源危机、大气破坏、温室效应和臭氧层破坏等都属于生态环境问题,也都是由人类生活对生态环境破坏而引起的。因此在今天的社会发展中,如何按照景观设计应遵循的原则和方法进行景观设计,如何加强生态设计的力度十分重要,是实现可持续发展战略的主要途径和方法。

(一)生态可持续原则

生态可持续原则是指生态系统受到某种干扰时能保持其生产率的能力。资源的持续利用和生态系统可持续性的保持,是人类社会可持续发展的首要条件,可持续发展要求人们根据可持续性的条件调整自己的生活方式,在生态可能的范围内确定自己的消耗标准。可持续性原则的核心是人类的经济和社会发展不能超越资源与环境的承载能力。平衡人类社会发展与地球自然环境之间的关系,是景观设计和实施中要解决的核心问题之一。通过科学系统的景观生态设计,达到资源保护、资源再生、资源再利用的可持续发展目标。

(二)以人为本的原则

体现在景观设计中的以人为本原则,必须先认识和了解人性,尊重人的生活、工作和休闲方式,并以此为出发点,从使用者的角度来协调场地内的各种关系,塑造特色鲜明、舒适健康的室外环境。室外空间是人们进行休闲游憩、运动健身以及开展多种多样社会交往活动、体验自然乐趣的重要场所,提供必要的场地和环境设想能够鼓励人们参与户外活动,促进人与自然、人与社会的和谐发展。

以人为本的景观设计原则即人性化景观设计的原则,这是人类在改造世界过程中一直追求的目标,是景观设计发展的更高阶段,是人们对景观设计师提出的更高要求,是人类社会进步的必然结果。人性化景观设计是以人为轴心,注意提升人的价值、尊重人的自然需要和社会需要的动态设计哲学。在以人为中心的问题上,人性化景观设计的考虑也是有层次的,以人为中心不是片面地考虑个体的人,而是综合地考虑群体的人,包括社会的人、历史的人、文化的人、生物的人、不同阶层的人和不同地域的人等;考虑群体的局部与社会的整体结合,社会效益与经济效益相结合,使社会的发展与更为长远的人类的生存环境的和谐与统一。也就是说,以人为本的景观设计只有在充分尊重自然、历史、文化和地域的基础上,结合不同阶层人的生理和审美需求,才能体现设计以人为本理念的真正内涵。因此,以人为本的景观设计原则应该是站在人性的高度上把握设计方向,以综合协调景观设计所涉及的深层次问题。

（三）传承和发展文化的原则

中国古典园林受中国传统思想影响非常大,特别是儒家思想贯彻始终。但是由于现代社会与过去的断层,中国传统文化在当今社会受到了很大的冲击,特别是当今的园林设计已经很难见到古典园林的韵味。当前最为紧迫的便是在景观设计中继承并发展我们固有的传统文化,使新的中国园林能继续傲立于世界园林之林。

中国传统景观设计追求的是人与自然的和谐统一,它包含了中华民族悠久、独特、优秀的艺术元素。我们应比较、借鉴国外设计理念和方法,做到"中为体、外为用",更好地传承中国传统文化。科学是景观设计的"敲门砖",具有中国特色的综合性专业知识才是我们的"看家本领"。的确,只有保证我国优良的特色,不丢失、不抛弃优秀传统文化,将其继承并发展下去,我们才会有与西方不同、与西方相媲美的东西。无论我们将西方的景观设计手法学得多么的出众,我们所做出来的景观总是缺少一定的深度。我们很难并且不能将西方的文化全盘接收,西方景观设计中蕴含其特有的西方文化,因此我们一定要在吸收时融入自己的文化内涵与特色,这才是最好的出路。

（四）景观视觉美学的原则

景观视觉美学是指景观视觉的美学价值对人的影响。景观视觉美学评价的目的是针对开发活动对景观可能造成的美学影响程度做出预测。由于缺乏统一的评价标准和方法,景观的视觉美学评价带有很大的主观性,受许多因素的影响,主要因素有时间因素、空间因素和主体因素。不同的观赏位置对景观的审美评价是不同的,因为景观是立体存在于三维空间的实物。观赏距离将景观分为近景、中景、远景。近景是靠近观景点所看到的景物,或按人的尺度、人的视野所看到的景物。中景是离观景点较远的位置所看到的景物,是一种比较客观的观赏方式。远景是远离观景点所看到的景物,即在大视野内观赏到的景物及其周围的环境。

二、景观设计的方法

（一）地带性植被的运用

地带性植被又称地带性群落,是指由水平或垂直的生物气候带决定,或随其变化的有规律分布的自然植被。它往往因经历多种演替而形成了一种具有自己特色的种群组成、外貌、稳定的层次结构、空间分布和季相特征。地带性植被是自然选择、优胜劣汰的必然结果,具有如下特点:①具备自我平衡、相互维系的生物链;②具备自然演化、自我更新的能力;③适合相应的地貌和气候,对正常的自然灾害有自我适应和自我恢复的能力。

(二)采取群落化栽植

植物群落化栽植所营造的是模拟自然和原生态的景象。在种植设计中,要注意栽植密度的控制,过密的种植会不利于植物的生长,从而影响到景观环境的整体效果。在种植技术上,应尽量模拟自然界的内在规律进行植物配置和辅助工程设计,避免违背植物生理学、生态学的规律进行强制绿化。植物栽植应在生态系统允许的范围内,使植物群落乡土化,进入自然演替过程。如果强制进行绿化,就会长期受到自然的制约,从而可能导致灾害,如物种入侵、土地退化、生物多样性降低等。

(三)不同生态环境的栽植方法

在进行景观中的植物配置时,要因地制宜、因时制宜,使植物能够正常生长,充分发挥其观赏特性,避免为了单纯达到所谓的景观效果,而采取违背自然规律的做法。生态位是指物种在系统中的功能作用,以及在时间和空间中的地位。景观规划设计要充分考虑植物物种的生态位特征,合理选择和配置植物群落。在有限的土地上,根据物种的生态位原理,实行乔、灌、藤、草、地被植被及水面相互配置,并且选择各种生活型以及不同高度、颜色、季相变化的植物,充分利用空间资源,建立多层次、多结构、多功能的植物群落,构成一个稳定的长期共存的复层混交立体植物群落。

第四节 绿色建筑与景观绿化

景观设计作为一种系统策略,整合技术资源,有助于用最少投入和最简单的方式,将一个普通住宅转化成低能耗绿色建筑,这也是未来我国绿色建筑的一个发展趋势。景观设计的内涵非常丰富,与生态学、植物学、植被学、气象与气候学、水文学、地形学、建筑学、城市规划、环境艺术、市政工程设计等诸多学科均有紧密的联系,是一个跨学科的应用学科。

景观设计学要处理城市化和社会化背景下人地紧张的复杂性综合问题,关乎土地、人类和其他物种可持续发展,最终目的是为实现建筑、城市和人的和谐相处创造空间与环境。广义上的景观设计是在较大范围内,为某种使用目的安排最合适的地方并实现最合适的利用,因此城市与区域规划、城市设计、交通规划、土地利用规划、风景园林规划、住宅建筑等在不同程度上都可纳入景观规划的范畴。

一、园林植物配置对建筑的作用

(一)植物配置协调园林建筑与环境的关系

植物是融汇自然空间与建筑空间最为灵活、生动的物质,在建筑空间与山水空间普遍种植花草树木,从而把整个园林景象统一在充满生命力的植物空间当中。植物属软质景观,本身呈现一种自然的曲线,能够使建筑物突出的体量与生硬轮廓软化在绿树环绕的自然环境之中。当建筑因造型、色彩等原因与周围环境不相称时,可以用植物缓和或消除矛盾。

(二)植物配置使园林建筑的主题和意境更加突出、丰富

建筑在形体、风格、色彩等方面是固定不变的,没有生命力,需用植物衬托、软化其生硬的轮廓线,植物的色彩及其多变的线条可遮挡或缓和建筑的平直。因植物的季相变化和树体的变化而产生活力,主景仍然是建筑,配置植物不可喧宾夺主,而应恰到好处。树叶的绿色,也是调和建筑物各种色彩的中间色。植物配置得当,可使建筑旁的景色取得一种动态均衡的效果。

(三)植物配置赋予园林建筑以时间和空间的季候感

建筑物是形态固定不变的实体,植物则是最具变化的物质要素。植物的季相变化使园林建筑环境在春、夏、秋、冬四季产生季相变化。将植物的季相变化特点适当配置于建筑周围,使固定不变的建筑具有生动活泼、变化多样的季候感。

（四）植物配置可丰富园林建筑空间层次，增加景深

植物的干、枝、叶交织成的网络稠密到一定程度，便可形成一种界面，利用它可起到限定空间的作用。这种界面与由园林建筑墙垣所形成的界面相比，虽然不甚明确，但植物形成的这种稀疏屏障与建筑的屏障相互配合，必然能形成有围又有透的庭院空间。

（五）植物配置使园林建筑环境具有意境和生命力

独具匠心的植物配置，在不同区域栽种不同的植物或以突出某种植物为主，形成区域景观的特征，景点命题上也可巧妙地将植物与建筑结合在一起。园林植物拟人化的性格美，能够产生生动优美的园林意境。

二、建筑环境绿化的主要作用

（一）可以直接改善人居环境的质量

据统计，人的一生中90%以上的活动都与建筑有关，采取有效措施改善建筑环境的质量，无疑是改善人居环境质量的重要组成部分。绿化与建筑有机结合，实施全方位立体绿化，从室内清新空气到外部建筑绿化外衣，好似给人类生活环境安装了一台植物过滤器，环境中的氧气和负离子浓度大大提高，病菌和粉尘含量大幅度减少，噪声经过隔离显著降低，这些都大大提高了生活环境的舒适度，形成了对人更为有利的生活环境。

（二）可以大大提高城市绿地率

在城市被硬质覆盖的场地里，绿地犹如沙漠中的绿洲，发挥着重要的作用。在绿化空间拓展极其有限，高昂的地价成为发展城市绿地的瓶颈时，对于占城市绿地面积50%以上的建筑进行屋顶绿化、墙面绿化及其他形式的绿化，可以充分利用建筑空间，扩大城市空间的绿化量，从而成为增加城市绿化面积、改善建筑生态环境的一条必经之路。日本在提高城市绿地率方面值得我国借鉴和学习，政府明文规定，新建筑面积只要超过1000m²，屋顶的1/5必须为绿色植物所覆盖。

三、建筑绿化的功能

(一) 植物的生态功能

植物具有涵养水源、保持水土、防风固沙、减弱噪声、增湿调温、吸收有毒物质、调节区域气候、释放氧气、净化大气、维持生态系统平衡、构建优美环境等生态功能,其功能的特殊性使得建筑绿化不仅不会产生污染,更不会消耗能源,同时还可以弥补由于建造以及维持建筑造成的能源耗费,降低由此而导致的环境污染,改善和提高建筑环境质量,从而为城市建筑生态小环境的改善提供可能性和理论依据。

(二) 建筑外环境绿化功能

随着经济的飞速发展和人民生活水平的不断提高,人们对健康生活、绿色生活方式更加重视,对绿化的认识也有了更深入的理解,越来越注重建筑周围的绿化。公众在追求宽敞、方便的建筑使用空间的同时,也开始注重舒适的建筑外部环境。随着我国城市化的进程不断加快,人们日益感觉到我们的生活环境中真正缺少的是绿色,建筑周围环境的绿化成为人们越来越关注的一个问题。建筑外环境绿化是改善建筑环境小气候的重要手段。

(三) 建筑物的绿化功能

建筑绿化是指用花、草、树等植物在建筑的内外部空间、环境等进行绿化种植、绿化配置。在建筑与绿化的结合关系上,应以建筑为主,配之以绿化。但在某种特定的特殊环境条件下,有时以建筑去配合绿化,特别是那些有特殊含意的珍稀植物。由于近年来城市人口剧增、建筑迅速发展,人的社会、科学技术、文化艺术、生产、旅游等活动不断增加和扩大,使人们越来越感觉到改善环境、美化环境的重要性。然而,改善环境、美化环境最有效的办法就是绿化。建筑与绿化互相匹配、互相结合,成为一个和谐的整体,如同回归自然,这有利于人们的身体健康,还能保护我们的绿色家园。

一般而言,建筑绿化主要包括屋顶绿化和墙面绿化两个方面。建筑物绿化使绿化与建筑有机结合,一方面可以直接改善建筑的环境质量;另一方面还可以补偿由建筑物建立导致的绿化量减少,从而提高整个城市的绿化覆盖率与辐射面。此外,建筑物绿化还可以为建筑物隔热,有效改善室内环境。据有关资料报道,一个城市如果其建筑物的屋顶全部绿化,则该城市的二氧化碳要比没有绿化前减少85%,空气中的氧气含量大大增加。

绿色植物本身有一种自然生长形态,我们利用绿色植物这一特性,加上人工的修剪整形,将建筑绿化起来,不但保护了建筑,而且衬托了建筑,从而与建筑艺术结合,成为艺术的结晶。

(四)建筑室内绿化的功能

城市环境的恶化使人们过多地依赖于室内加热通风及以空调为主体的生活工作环境。由于加热通风及空调组成的楼宇控制系统是一个封闭的系统,因此自然通风换气十分困难。上海市环保协会室内环境质量检测中心调查结果表明,写字楼内的空气污染程度是室外的 2~5 倍,有的甚至超过 100 倍,空气中的细菌含量高于室外 60% 以上,二氧化碳浓度最高可达室外 3 倍以上。人们久居这种室内环境中,很容易造成建筑综合征(SBS)的发生。

一定规模的室内绿化,可以吸收二氧化碳并释放出氧气,吸收室内有毒气体,减少室内病菌的含量。试验结果表明:云杉具有明显杀死葡萄球菌的效果,菊花可以在一日内除去室内 61% 的甲醛、54% 的苯、43% 的三氯乙烯。室内绿化还可以引导室内空气对流,增强室内通风。由此可见,室内绿化可以大大提高室内环境舒适度,改善人们的工作环境和居住环境。另外,绿化可以将自然引入室内,满足人类向往自然的心理需求,成为有益人们心理健康的一个重要手段。

第五节 景观设计的程序与表达

景观是人所向往的自然,景观是人类的栖居地,景观是人造的工艺品,景观是需要科学分析方能被理解的物质系统,景观是有待解决的问题,景观是可以带来财富的资源,景观是反映社会伦理、道德和价值观念的意识形态,景观是历史,景观是美。作为景观设计的对象,景观是指土地及土地上的空间和物体所构成的综合体,它是复杂的自然过程和人类活动在大地上的烙印。城市景观是指景观功能在人类聚居环境中固有的和所创造的自然景观美,它可使城市具有自然景观艺术,使人们在城市生活中具有舒适感和愉快感。

城市景观设计主要服务于城市景观设计、居住区景观设计、城市公园规划与设计、滨水绿地规划设计、旅游度假区与风景区规划设计等。城市景观主要表现在城市的公共环境、公共活动和活动中的人这三个方面。从城市景观的控制理论与研究角度出发，我们可以将城市景观分为活动景观和实质景观两个方面。从城市功能的角度来看，城市中的公共活动是城市灵魂的体现，倘若城市中没有了人们的活动，城市也就变成了废城。城市景观设计就是要求设计者根据基本设计程序和一定的表达方式，将景观的组成、功能和实施手法等科学地表示出来。

一、环境景观设计的程序

环境景观在建造之前，设计者要按照建设任务书，把施工过程和使用过程中所存在的或可能发生的问题，事先做好整体的构思，以定好解决这些问题的办法、方案，并用图纸和文件表达出来，作为备料、施工组织工作和各工种在制作、建造工作中相互配合协作的共同依据，以便整个工程得以在预先设定的投资限额范围内，使建成的环境景观可以充分满足使用者和社会所期望的各种要求。它主要包括物质方面和精神方面的要求。

（一）环境景观设计的基本程序

为了使环境景观设计顺利进行，少走弯路，少出差错，取得良好的成功，在众多矛盾问题中，先考虑什么，后考虑什么，必须要有一个程序。根据一般环境景观设计实践的规律，环境景观设计程序应该是从宏观到微观、从整体到局部、从大处到细节，进而步步深入。环境景观设计可分为五个阶段：第一，环境景观设计的收集资料阶段；第二，环境景观的初步方案阶段；第三，环境景观的初步设计阶段；第四，环境景观的技术设计阶段；第五，环境景观设计的施工图和详图阶段。

（二）主要设计程序的具体内容

一个科学合理的设计程序对于整体设计的成功具有非常重要的作用，它不仅可以帮助业主方和设计师理清设计工作的思路，明晰不同工作阶段的工作内容，而且可以引导并解决在景观设计中出现的诸多问题。根据景观设计的相关规律，归纳起来，环境景观设计主要包括前期准备阶段、方案设计阶段和施工图设计阶段，其各自包括的具体工作内容也不相同。

1.前期准备阶段的工作内容

根据景观设计的实践经验,在前期准备阶段的主要工作内容有接受设计委托、进行现状调研、收集设计资料和制定工作计划。

2.方案设计阶段的工作内容

方案设计是设计中的重要阶段,是一个极富有创造性的设计阶段,同时也是一个十分复杂的阶段,涉及设计者的知识水平、经验、灵感和想象力等。在方案设计阶段,设计人员根据设计任务书的要求,运用自己掌握的知识和经验,选择合理的技术系统,构思满足设计要求的原理解答方案。

3.施工图设计阶段的工作内容

施工图设计是景观工程设计的一个重要阶段,安排在方案设计、方案深化设计两个阶段后。这一阶段主要通过施工图纸,把设计者的意图和全部设计结果,准确无误地利用图纸表达出来,作为施工单位进行施工的依据,它是设计和施工工作的桥梁。在图纸中不仅要明确各部位的名称、尺寸、材质、色彩,而且还要给出相应的构造做法,以便施工人员进行操作。

二、环境景观设计的表达

设计创作和设计表达是一直贯穿在整个设计过程中的两个不可分割的方向,首先设计需要优秀的创作,优秀的创作带给人们心灵的愉悦和生活的享受,而优秀的创作则需要用好的图纸形式向人们表达,让人们可以清晰、明了地理解创作意图。可以说,创作是设计的灵魂,表达是设计的根本。因此,环境景观设计的表达是一项非常重要的工作。

(一)环境景观设计的徒手表达

运用一定的绘图工具和表现技法进行设计是景观设计中常用的表达方式,也是景观设计师必备的一项技能,因为景观设计从一开始就交织着构想、分析、改进和完善,景观设计师需要将头脑中的思维徒手表达出来,以便作进一步的推敲、判断、交流、反馈和调整,待设计方案完成后,也可以徒手绘出各种不同的分析图、效果图等来表达设计方案。在景观设计中,常用的徒手表达方法有铅笔表达、钢笔表达、水彩表达、水粉表达、马克笔表达和综合表达等。

景观手绘表现作为一个特殊的画种,有特殊的技巧和方法,对表现者也有着多方面的素质要求。一个优秀的表现图设计师必须具有一定的表现技能和良好的艺术审美力。一个好的手绘设计作品不仅是图示思维的设计方式,还可以产生多种多样的艺术效果和文化空间。手绘的表现过程是扎实的美术绘画基本功的具体应用与体现的过程。一个好的创意,往往只是设计者最初设计理念的延续,而手绘则是设计理念最直接的体现。手绘是设计的原点,手绘的绘制过程有助于进一步培养、提高设计师在设计表现方面的能力,提高对物体的形体塑造能力,提高处理明暗、光影、虚实变化、主次等关系及质感表现、色彩表现与整体协调能力。手绘不仅是一种技能,还是个人修养与内涵的表现。

(二)环境景观设计计算机表达

一个好的环境景观设计作品的产生,主要应当包括三个方面。从基础开始说是计算机表达、构图能力和创意。但作品的产生过程是相反的,首先有了好的创意;然后把它在脑海中进行粗略构图,借助简单的计算机手段或者手绘,变成较为详细的草图;最后综合运用计算机技巧做出成果图。所以说,以上三者缺一不可,但有时又各有侧重,其中计算机表达是极其重要的一个方面。

随着计算机技术的日趋成熟和各种绘图软件的不断开发,计算机表达已经在景观设计行业得到广泛应用,其速度快、准确性好等优点,使得设计工作的效率得到很大的提升,给景观设计师带来前所未有的方便和快捷。同时计算机表达的效果非常逼真,场景还原性等优势也得到了市场的认可,更进一步提高了景观设计师运用计算机表达的热情。在环境景观设计中常见的计算机表达软件有以下几种。

1. AutoCAD

AutoCAD(Auto Computer Aided Design)是 Autodesk 公司首次于 1982 年开发的自动计算机辅助设计软件,用于二维绘图、详细绘制、设计文档和基本三维设计。现已经成为国际上广为流行的绘图工具,此设计软件以精确、高效而著称,可以十分准确、详细地绘制出不同设计层面所需要表达的尺寸、位置、构造等,在平时的设计中主要用于绘制工程图纸(如平面图、剖面图、立面图和各种详图等),也可以用于建立三维模型来直观、准确地表达设计形体,供设计师思考和推敲设计。

AutoCAD 具有良好的用户界面,通过交互菜单或命令行方式便可以进行各种操作。它的多文档设计环境,让非计算机专业人员也能很快地学会使用。在不断实践的过程中更好地掌握它的各种应用和开发技巧,从而不断提高工作效率。

AutoCAD 具有广泛的适用性,它可以在各种操作系统支持的微型计算机和工作站上运行。

2. 3D Studio Max

3D Studio Max,常简称为 3DS Max 或 Max,是 Discreet 公司开发的(后被 Autodesk 公司合并)基于 PC 系统的三维动画渲染和制作软件。其前身是基于 DOS 操作系统的 3D Studio 系列软件。在 Windows NT 出现以前,工业级的 CG 制作被 SGI 图形工作站所垄断。3D Studio Max + Windows NT 组合的出现一下子降低了 CG 制作的门槛,首先开始运用在电脑游戏中的动画制作,后更进一步开始参与影视片的特效制作。

此软件已广泛应用于广告、影视、工业设计、建筑设计、多媒体制作、游戏、辅助教学以及工程可视化等领域中,其具有强大的建模和动画功能,以逼真、可操作性强而著称,在国内发展的相对比较成熟的建筑效果图与建筑动画制作中,3DS Max 的使用率更是占据绝对的优势。我国设计实践证明,在景观设计中用 3DS Max 软件来表达,对景观设计师有着很大的帮助。

3. Lightscape

Lightscape 是一种先进的光照模拟和可视化设计系统,用于对三维模型进行精确的光照模拟和灵活方便的可视化设计。Lightscape 是世界上唯一同时拥有光影跟踪技术、光能传递技术和全息技术的渲染软件。它能精确模拟漫反射光线在环境中的传递,获得直接和间接的漫反射光线。光影跟踪技术(Raytrace)使 Lightscape 能跟踪每一条光线在所有表面的反射与折射,从而解决了间接光照的问题;而光能传递技术(Radiosity)把漫反射表面反射出来的光能分布到每一个三维实体的各个面上,从而解决了漫反射问题。最后,全息渲染技术把光影跟踪和光能传递的结果叠加在一起,精确地表达出三维模型在真实环境中的实情实景,制作出光照真实、阴影柔和、效果细腻的渲染效果图,从而让使用者得到真实自然的设计效果。

4. Sketch Up

Sketch Up 是一套直接面向设计方案创作过程的设计工具,其创作过程不仅能够充分表达设计师的思想,而且完全满足与客户即时交流的需要,它使得设计师可以直接在电脑上进行十分直观的构思,是三维建筑设计方案创作的优秀工具。Sketch Up 是一个极受欢迎并且易于使用的 3D 设计软件,很多使用者将它比作电子设计中的"铅笔"。它的主要卖点就是使用简便,人人都可以快速上手。

Sketch Up 软件直观、形象的设计界面,简单、快捷的操作方式,深受使用者的欢迎,同时它可以直接输入数字,进行准确的捕捉、修改,使设计者可以直接在电脑上进行十分直观的构思设计,并可以方便地生成任何方向的剖面,让设计更加透彻、合理。同时整个设计过程的任何阶段都可以作为直观的三维成品,还可以模拟手绘草图的效果,也可以根据需要确定关键帧页面,制作成简单的动画自动实时演示,让设计和交流成为极其便捷的事情。

5. Photoshop

Photoshop 是 Adobe 公司旗下最为出名的图像处理软件之一,此软件是集图像扫描、编辑修改、图像制作、广告创意、图像输入与图像输出于一体的图形图像处理软件,也是目前在设计中最为专业的图形处理软件,其具有强大的处理功能,基本能够满足城市景观设计工作中的各种需求。它可以制作各种精美的图像,还可以弥补在其他设计软件上所作图形的缺陷,使设计变得更加完美,还可以调整图面色彩,以便更为准确地表达设计意图。

从功能上看,该软件可分为图像编辑、图像合成、校色调色及特效制作部分等。图像编辑是图像处理的基础,可以对图像做各种变换,如放大、缩小、旋转、倾斜、镜像、透视等;也可进行复制、去除斑点、修补、修饰图像的残损等。图像合成则是将几幅图像通过图层操作、工具应用合成完整的、传达明确意义的图像,这是美术设计的必经之路;该软件提供的绘图工具让外来图像与创意很好地融合。

除了上面介绍的五种常用设计外,还有很多优秀的工具软件。在进行景观设计的过程中,多了解一些设计软件会使设计者的思路变得更为开阔,使城市的景观设计达到绿色、生态、综合、多效的目的。

第八章　绿色建筑设计要素

　　信息时代的到来,知识经济和循环经济的发展,人们对现代化的向往与追求,赋予绿色节能建筑无穷魅力,发掘绿色建筑设计的巨大潜力是时代对建筑师的要求。绿色建筑设计是生态建筑设计,它是绿色节能建筑的基础和关键。在可持续发展和开放建筑的原则下,绿色建筑设计指导思想应遵循现代开放、端庄朴实、简洁流畅、动态亲民的建筑形象,从选址到格局,从朝向到风向,从平面到竖向,从间距到界面,从单体到群体,都应当充分体现出绿色的理念。

　　国内工程实践证明,在倡导和谐社会的今天,怎样抓住绿色建筑设计要素,有效运用各种设计要素,使人类的居住环境体现出空间环境、生态环境、文化环境、景观环境、社交环境、健身环境等多重环境的整合效应,使人居环境品质更加舒适、优美、洁净,建造出更多节能并且能够改善人居环境的绿色建筑就显得尤为重要。

第一节　室内外环境及健康舒适性

一、室内外环境

　　绿色建筑是日渐兴起的一种自然、和谐、健康的建筑理念。意在寻求自然、建筑和人三者之间的和谐统一,即在"以人为本"的基础上,利用自然条件和人工手段来创造一个舒适、健康的生活环境,同时又要控制对于自然资源的使用,实现自然索取与回报之间的平衡。因此,现在所说的绿色建筑,不仅要能提供安全舒适的室内环境,同时应具有与自然环境相和谐的良好的建筑外部环境。

　　室内外环境设计是建筑设计的深化,是绿色建筑设计中的重要组成部分。随着社会进步和人民生活水平的提高,建筑室内外环境设计在人们的生活中越来越重要。在人类文明发展至今天的现代社会中,人类已不再只简单地满足于物质功能的需要,而是更多地追求是精神上的满足,所以在室内外环境设计中,我们必须一切围绕着人们更高的需求来进行设计,这就包括物质需求和精神需求。具体的室内外环境设计要素主要包括:对建造所用材料的控制、对室内有害物质的控制、对室内热环境的控制、对建筑室内隔声的设计、对室内采光与照明设计、对室外绿地设计要求等。

二、健康舒适性设计

随着我国建设小康社会的全面展开,必将促进绿色住宅建设的快速发展。随着居住品质的不断提高,人们更加注重住宅的舒适性和健康性。因此,如何从规划设计入手来提高住宅的居住品质,达到人们期望的舒适性和健康性要求,应主要从以下几个方面着重设计。

(一)建筑规划设计注重利用大环境资源

在绿色建筑的规划设计中,合理利用大环境资源和充分节约能源,是可持续发展战略的重要组成部分,是当代中国建筑和世界建筑的发展方向。真正的绿色建筑要实现资源的循环。要改变单向的资源利用方式,尽量加以回收利用;要实现资源的优化合理配置,应该依靠梯度消费,减少空置资源,抑制过度消费,做到物显所值、物尽其用。

(二)具有完善的生活配套设施体系

回顾住宅建筑的发展历史,如今住宅建筑已经发生根本性的变化。第一代、第二代住宅只是简单地解决基本的居住问题,更多的是追求生存空间的数量;第三代、第四代住宅已逐渐过渡到追求生活空间的质量和住宅产品的品质;发展到第五代住宅已开始着眼于环境,追求生存空间的生态、文化环境。

当今时代,绿色住宅建筑生态环境的问题已得到高度的重视,人们更加渴望回归自然与自然和谐相处,生态文化型住宅正是在满足人们物质生活的基础上,更加关注人们的精神需要和生活方便,要求住宅具有完善的生活配套设施体系。

（三）绿色建筑应具有多样化住宅户型

随着国民经济的不断发展,住宅建设速度不断加快,人们的生活水平也在不断提高,不仅体现在住宅面积和数量的增长上,而且体现在住宅的性能和居住环境质量上,实现了从满足"住得下"的温饱阶段向"住得舒适"的小康阶段的飞跃,市场消费对住宅的品质甚至是细节提出了更高的要求。

住宅设计必须变革、创新,必须满足各种各样的消费人群,用最符合人性的空间来塑造住宅建筑,使人在居住过程中能得到良好的身心感受,真正做到"以人为本""以人为核心",这就需要设计人员对住宅户型进行深入的调查和研究。家用电器的普遍化、智能化、大众化,家务社会化,人口老龄化以及"双休日"制度的实行等,使得整个社会居民的闲暇时间显著增加。

由于工作制度的改变,居民有更多的时间待在家中,在家进行休闲娱乐活动的需求增多,因此对居住环境提出了更高的要求。如果提供的住宅户型能满足居民基本的生活需求的同时,更能满足他们休闲娱乐活动的需求以及其自我实现的需求,对居住在集合性住宅中的居民来说是非常重要的。信息技术的飞速发展与网络的兴起,改变了人们的生活观念,人们的生活方式日趋多样化,对于户型的要求也变得越来越多样化,因而对于户型多样化设计的研究也就越发地显得急迫。

根据我国城乡居民的基本情况,住宅应针对不同经济收入、结构类型、生活模式、不同职业、文化层次、社会地位的家庭提供相应的住宅套型。同时,从尊重人性出发,对某些家庭(如老龄人和残疾人)还需提供特殊的套型,设计时应考虑无障碍设施等。当老龄人集居时,还应提供医务、文化活动、就餐以及急救等服务性设施。

（四）建筑功能的多样化和适应性

所谓建筑功能,是指建筑在物质方面和精神方面的具体使用要求,也是人们设计和建造建筑达到的目的。不同的功能要求产生了不同的建筑类型,如工厂为了生产,住宅为了居住、生活和休息,学校为了学习,影剧院为了文化娱乐,商店为了商品交易,等等。随着社会的不断发展和物质文化生活水平的提高,建筑功能将日益复杂化、多样化。

创建社会主义和谐社会,一个重要基础就是人民能够安居乐业。党和政府把住宅建设看成是社会主义制度优越性的具体体现,指出提高人民生活水平首要任务是提高人们的居住水平。

（五）建筑室内空间的可改性

住宅方式、公共建筑规模、家庭人员和结构是不断变化的,生活水平和科学技术也在不断提高,因此,绿色住宅具有可改性是客观的需要,也是符合可持续发展的原则。可改性首先需要有大空间的结构体系来保证,例如大柱网的框架结构和板柱结构、大开间的剪力墙结构;其次应有可拆装的分隔体和可灵活布置的设备与管线。

结构体系常受施工技术与装备的制约,需因地制宜来选择,一般可选用结构不太复杂,而又可适当分隔的结构体系。轻质分隔墙虽已有较多产品,但要达到住户自己动手,既易拆卸又能安装的要求,还需进一步研究其组合的节点构造。住宅的可改性最难的是管线的再调整,采用架空地板或吊顶都需较大的经济投入。厨房卫生间是设备众多和管线集中的地方,可采用管井和设备管道墙等,使之能达到灵活性和可改性的需要。对于公共空间可以采取灵活的隔断,使大空间具有较大的可塑性。

第二节　安全可靠性及耐久适用性

一、安全可靠性

绿色建筑工程作为一种特殊的产品,除了具有一般产品共有的质量特性,如性能、寿命、可靠性、安全性、经济性等满足社会需要的使用价值及属性外,还具有特定的内涵,如与环境的协调性、节地、节水、节材等。安全性是指建筑工程建成后在使用过程中保证结构安全、保证人身和环境免受危害的程度。可靠性是指建筑工程在规定的时间和规定的条件下完成规定功能的能力。安全性和可靠性是绿色建筑工程最基本的特征,其实质是以人为本,对人的安全和健康负责。

（一）确保选址安全的设计措施

现行国家标准《绿色建筑评价标准》GB/T 50378—2006 中规定,绿色建筑建设地点的确定,是决定绿色建筑外部大环境是否安全的重要前提。建筑工程设计的首要条件是对绿色建筑的选址和危险源的避让提出要求。

众所周知,洪灾、泥石流等自然灾害,对建筑场地会造成毁灭性破坏。据有关资料显示,主要存在于土壤和石材中的氡是无色无味的致癌物质,会对人体产生极大伤害。电磁辐射对人体有两种影响:一是电磁波的热效应,当人体吸收到一定量的时候就会出现高温生理反应,最后导致神经衰弱、白细胞减少等病变;二是电磁波的非热效应,当电磁波长时间作用于人体时,就会出现如心率、血压等生理改变和失眠、健忘等生理反应,对孕妇及胎儿的影响较大,后果严重者可以导致胎儿畸形或者流产。电磁辐射无色无味无形,可以穿透包括人体在内的多种物质,人体如果长期暴露在超过安全的辐射剂量下,细胞就会被大面积杀伤或杀死,并产生多种疾病。能制造电磁辐射污染的污染源很多,如电视广播发射塔、雷达站、通信发射台、变电站、高压电线等。此外,如油库、煤气站、有毒物质车间等均有发生火灾、爆炸和毒气泄漏的可能。

为此,建筑在选址的过程中首先必须考虑到基地上的情况,最好仔细查看历史上相当长一段时间有无地质灾害的发生;其次,经过实地勘测地质条件,准确评价适合的建筑高度。总而言之,绿色建筑选址必须符合国家相关的安全规定。

（二）确保建筑安全的设计措施

从事建筑结构设计的基本目的是在一定的经济条件下,赋予结构以适当的安全度,使结构在预定的使用期限内,能满足所预期的各种功能要求。一般来说,建筑结构必须满足的功能要求如下:能承受在正常施工和使用时可能出现的各种作用,且在偶发事件中,仍能保持必需的整体稳定性,即建筑结构需具有的安全性;在正常使用时具有良好的工作性能,即建筑结构需具有的适用性;在正常维护下具有足够的耐久性。因此可知安全性、适用性和耐久性是评价一个建筑结构可靠(或安全)与否的标志,总称为结构的可靠性。

建筑结构安全直接影响建筑物的安全,结构不安全会导致墙体开裂、构件破坏、建筑物倾斜等,严重时甚至发生倒塌事故。因此,在进行建筑工程设计时,必须采用确保建筑安全的设计措施。

（三）考虑建筑结构的耐久性

完善建筑结构的耐久性与安全性,是建筑结构工程设计顺利健康发展的基本要求,充分体现在建筑结构的使用寿命和使用安全及建筑的整体经济性等方面。在我国建筑结构设计中,结构耐久性不足已成为最现实的一个安全问题。现在主要存在这样的倾向:设计中考虑强度较多,而考虑耐久性较少;重视强度极限状态,而不重视使用极限状态;重视新建筑的建造,而不重视旧建筑的维护。所谓真正的建筑结构"安全",应包括保证人员财产不受损失和保证结构功能的正常运行,以及保证结构有修复的可能,即所谓的"强度""功能"和"可修复"三原则。

我国建筑工程结构的设计与施工规范,重点放在各种荷载作用下的结构强度要求,而对环境因素作用(如气候、冻融等大气侵蚀以及工程周围水、土中有害化学介质侵蚀等)下的耐久性要求则相对考虑较少。混凝土结构因钢筋锈蚀或混凝土腐蚀导致的结构安全事故,其严重程度已远大于因结构构件承载力安全水准设置偏低所带来的危害。因此,建筑结构的耐久性问题必须引起足够的重视。

（四）增加建筑施工安全生产执行力

所谓安全生产执行力,指的是贯彻战略意图,完成预定安全目标的操作能力,这是把企业安全规划转化成为实践成果的关键。安全生产执行力包含完成安全任务的意愿,完成安全任务的能力,完成安全任务的程度。强化安全生产执行力,主要应注意以下几个方面:①完善施工安全生产管理制度。②加强建筑工程的安全生产沟通。③反馈是建筑工程安全生产的保障。④将建筑工程安全生产形成激励机制。

（五）建筑运营过程的可靠性保障措施

建筑工程在运营的过程中,不可避免地会出现建筑物本体损害、线路老化及有害气体排放等,如何保证建筑工程在运营过程的安全与绿色化,是绿色建筑工程的重要内容之一。建筑工程运营过程的可靠性保障措施,具体包括以下几个方面:

（1）物业管理公司应制定节能、节水、节地、节材与绿化管理制度,并严格按照管理制度实施。

（2）在建筑工程的运营过程中,会产生大量的废水和废气,对室内外环境产生一定的影响。为此,需要通过选用先进、适用的设备和材料或其他方式,通过合理的技术措施和排放管理手段,杜绝建筑工程运营中废水和废气的不达标排放。

(3)由于建筑工程中设备、管道的使用寿命普遍短于建筑结构的寿命,因此各种设备、管道的布置应方便将来的维修、改造和更换。在一般情况下,可通过将管井设置在公共部位等措施,减少对用户的干扰。属公共使用功能的设备、管道应设置在公共部位,以便于日常的维修与更换。

(4)为确保建筑工程安全、高效运营,应设置合理、完善的建筑信息网络系统,能顺利支持通信和计算机网的应用,并且运行安全可靠。

二、耐久适用性

耐久适用性是对绿色建筑工程最基本的要求之一。耐久性是材料抵抗自身和自然环境双重因素长期破坏作用的能力,绿色建筑工程的耐久性是指在正常运行维护和不需要进行大修的条件下,绿色建筑物的使用寿命满足一定的设计使用年限要求,并且不发生严重的风化、老化、衰减、失真、腐蚀和锈蚀等。适用性是指结构在正常使用条件下能满足预定使用功能要求的能力,绿色建筑工程的适用性是指在正常运行维护和不需要进行大修的条件下,绿色建筑物的功能和工作性能满足建造时的设计年限的使用要求等。

(一)建筑材料的可循环使用设计

现代建筑是能源及材料消耗的重要组成部分,随着地球环境的日益恶化和资源日益减少,保持建筑材料的可持续发展,提高建筑资源的综合利用率已成为社会普遍关注的课题。目前,我国对建筑材料资源可循环利用的研究已取得突破性成绩,但仍存在技术及社会认同等方面的不足,与发达国家相比在该领域还存在差距。这些年来我国城市建设繁荣的背后,暗藏着巨大的浪费,同时存在着材料资源短缺、循环利用率低的问题,因此,加强建筑材料的循环利用已成为当务之急。

(二)充分利用尚可使用的旧建筑

"尚可使用的旧建筑"系指建筑质量能保证使用安全的旧建筑,或通过少量改造加固后能保证使用安全的旧建筑。对旧建筑的利用,可根据规划要求保留或改变其原有使用性质,并纳入规划建设项目。工程实践证明,充分利用尚可使用的旧建筑,不仅是节约建筑用地的重要措施之一,而且也是防止大拆乱建的控制条件。

在中国特定的城市化历史背景下,构筑产业类历史建筑及地段保护性改造再利用的理论架构,经由实践层面的物质性实证研究,提出具有技术针对性的改造设计方法,无疑具有重要的理论意义且极富现实价值的应用前景。

(三)绿色建筑工程的适应性设计

我国的城市住宅正经历着从增加建造数量到提高居住质量的战略转移,提高住宅的设计水平和适应性是实现这个转变的关键。住宅适应性设计是指在保持住宅基本结构不变的前提下,通过提高住宅的功能适应能力,来满足居住者不同的和变化的居住需要。

适应性运用于绿色建筑设计,是以一种顺应自然、与自然合作的友善态度和面向未来的超越精神,合理地协调建筑与人、建筑与社会、建筑与生物、建筑与自然环境的关系。在时代不停发展过程中,建筑要适应人们陆续提出的使用需求,这在设计之初、使用过程以及经营管理中是必须注意的。保证建筑的耐久性和适应性,要做到两个方面:一是保证建筑的使用功能并不与建筑形式挂死,不会因为丧失建筑原功能而使建筑被废弃;二是不断运用新技术、新能源改造建筑,使之能不断地满足人们生活的新需求。

第三节　节约环保型及自然和谐性

一、节约环保型

近年来的实践证明,节约环保是绿色建筑工程的基本特征之一。这是一个全方位、全过程的节约环保的概念,主要包括用地、用能、用水、用材等的节约与环境保护,这也是人、建筑与环境生态共存和节约环保型社会建设的基本要求。

(一)建筑用地节约设计

土地是关系国计民生的重要战略资源,耕地是广大农民赖以生存的基础。我国土地资源总量丰富但人均缺少,随着经济的发展和人口的增加,土地资源的形势将越来越严峻。城市住宅建设不可避免地占用大量土地,而土地问题也往往成为城市发展的制约因素,如何在城市建设设计中贯彻节约用地理念,采取什么样的措施来实现节约用地,是摆在每个城市建设设计者面前的关键性问题,而这一问题在设计中经常被忽略或受重视程度不够。

要坚持城市建设的可持续发展,就必须加强对城市建设项目用地的科学管理。在项目的前期工作中采取各种有效措施对城市建设用地进行合理控制,不但有利于城市建设的全面发展,加快城市化建设步伐,更具有实现全社会全面、协调、可持续发展的深远意义。

(二)建筑节能方面设计

建筑节能是指在建筑材料生产、房屋建筑和建筑物施工及使用过程中,满足同等需要或达到相同目的的条件下,尽可能降低能耗。发展节能建筑是近些年来关注的重点。建筑节能实质上是利用自然规律和周围自然环境条件,改善区域环境微气候,从而实现节约建筑能耗。建筑节能设计主要包括两个方面内容:一是节约,即提高供暖(空调)系统的效率和减少建筑本身所散失的能源;二是开发,即开发利用新的能源。

建筑节能具体指在建筑物的规划、设计、新建(改建、扩建)、改造和使用过程中,执行节能标准,采用节能型的技术、工艺、设备、材料和产品,提高保温隔热性能和采暖供热、空调制冷制热系统效率,加强建筑物用能系统的运行管理,利用可再生能源,在保证室内热环境质量的前提下,增大室内外能量交换热阻,以减少供热系统、空调制冷制热、照明、热水供应因大量热消耗而产生的能耗。

建筑节能是关系到我国建设低碳经济、完成节能减排目标、保持经济可持续发展的重要环节之一。要想做好建筑节能工作、完成各项指标,我们需要认真规划、强力推进,踏踏实实地从细节抓起。全面的建筑节能是一项系统工程,必须由国家立法、政府主导,对建筑节能作出全面的、明确的政策规定,并由政府相关部门按照国家的节能政策,制定全面的建筑节能标准;要真正做到全面的建筑节能,还需要设计、施工、各级监督管理部门、开发商、运行管理部门、用户等各个环节,严格按照国家节能政策和节能标准的规定,全面贯彻执行各项节能措施,从而使每一位公民真正树立起全面的建筑节能观,将建筑节能真正落到实处。

(三)建筑用水节约设计

我国是一个严重缺水的国家,解决水资源短缺的主要办法有节水、蓄水和调水三种,而节水是三者中最可行和最经济的。节水主要有总量控制和再生利用两种手段。中水利用则是再生利用的主要形式,是缓解城市水资源紧缺的有效途径,是开源节流的重要措施,是解决水资源短缺的最有效途径,是缺水城市势在必行的重大决策。中水也称为再生水,是指污水经适当处理后,达到一定的水质指标,满足某种使用要求,可以进行有益使用的水。和海水淡化、跨流域调水相比,中水具有明显的优势。从经济的角度看,中水的成本最低;从环保的角度看,污水再生利用有助于改善生态环境,实现水生态的良性循环。

现代城市雨水资源化是一种新型的多目标综合性技术,是在城市排水规划过程中通过规划和设计,采取相应的工程措施,将汛期雨水蓄积起来并作为一种可用资源的过程。它不仅可以增加城市水源,在一定程度上缓解水资源的供需矛盾,还有助于实现节水、水资源涵养与保护、控制城市水土流失。雨水利用是城市水资源利用中重要的节水措施,具有保护城市生态环境和增进社会经济效益等多方面的意义。

（四）建筑材料节约设计

近年来,随着资源的日益减少和环境的不断恶化,材料和能源消耗量巨大的现代建筑面临的一个首要问题,是如何实现建筑材料的可持续发展,社会关注的一大课题是提高资源和能源的综合利用率。随着我国城市化进程的不断加快,我国的环境和资源正承受着越来越大的压力。根据有关资料,每年我国生产的多种建筑材料要消耗大量能源和资源,与此同时还要排放大量二氧化硫和二氧化碳等有害气体和各类粉尘。

目前我国的建筑垃圾处理问题、资源循环利用问题和资源短缺问题尤为严重。大拆大建的现象在现在多数城市建设中非常严重,建筑使用寿命低的问题更加突出。经济发达的国家在这方面比我们看得更远,在20世纪末就对节约建筑材料方面进行了大量研究,研究成果也在实践中得到广泛应用,社会普遍认同资源节约型建筑是一种可持续发展的环境观。比较成功的节约建材的经验主要有合理采用地方性建筑材料、应用新型可循环建筑材料、实现废弃材料的资源再利用等。

近年来,我国绿色建筑的实践充分证明,为片面追求美观而以巨大的资源消耗为代价,不符合绿色建筑中"节材"的基本理念。在绿色建筑的设计中首先应控制造型要素中没有功能作用的装饰构件的应用。其次,在建筑工程的施工过程中,应最大限度利用建设用地内拆除的或其他渠道收集得到的旧建筑的材料,以及建筑施工和场地清理时产生的废弃物等,延长这些材料的使用期,达到节约原材料、减少废物量、降低工程投资、减少由更新所需材料的生产及运输对环境产生不良影响的目的。

二、自然和谐性

绿色建筑在全球的发展方兴未艾,其节能减排、可持续发展与自然和谐共生的卓越特性,使各国政府不遗余力地推动和推广绿色建筑的发展,也为世界贡献了一座座经典的建筑作品,其中很多都已成为著名的旅游景点,用实例向世人展示了绿色建筑的魅力。

绿色建筑是指在建筑的全寿命周期内,最大限度地节约资源(节能、节地、节水、节材)、保护环境和减少污染,为人们提供健康、适用和高效的使用空间,提供与自然和谐共生的建筑。

所谓"绿色建筑"的"绿色",并不是指一般意义的立体绿化、屋顶花园,而是代表一种先进的概念或现代的象征。绿色建筑是指建筑对环境无害,能充分利用环境自然资源,并且在不破坏环境基本生态平衡条件下建造的一种建筑,又可称为可持续发展建筑、生态建筑、回归大自然建筑、节能环保建筑等。

人与自然的关系主要表现在两个方面:一是人类对自然的影响与作用,包括从自然界索取资源与空间,享受生态系统提供的服务功能,向环境排放废弃物;二是自然对人类的影响与反作用,包括资源环境对人类生存发展的制约,自然灾害、环境污染与生态退化对人类的负面影响。由于社会的发展,使得人与自然从统一走向对立,由此造成了生态危机。因此,要想实现人与自然的和谐发展,必须正视自然的价值,理解自然,改变我们的发展观,逐步完善有利于人与自然和谐的生态制度,构建美好的生态文化,从而构建人与自然的和谐环境。人类活动的各个领域和人类生活的各个方面都与生态环境发生着某种联系,因此,我们要从多角度来促进人与自然的和谐发展。

随着社会不断进步与发展,人们对生活工作空间的要求也越来越高。在当今建筑技术条件下,营造一个满足使用需要的、完全由人工控制的舒适的建筑空间已并非难事。但是,建筑物使用过程中大量的能源消耗和由此产生的对生态环境的不良影响,以及众多建筑空间所表现的自我封闭、与自然环境缺乏沟通的缺陷,都成为建筑设计中亟待解决的问题。人类为了自身的可持续发展,就必须使其各种活动,包括建筑活动及其产生结果和产物与自然和谐共生。

建筑作为人类不可缺少的活动,旨在满足人的物质和精神需求,寓含着人类活动的各种意义。由此可见,建筑与自然的关系实质上也是人与自然关系的体现。自然和谐性是建筑的一个重要的属性,它表示人、建筑、自然三者之间的共生、持续、平衡的关系。正因为自然和谐性,建筑以及人的活动才能与自然息息相关,才能以联系的姿态融入自然。这种属性是可持续精神的直接体现,对当代建筑的发展具有积极的意义。

第四节　低耗高效性及文明性

一、低耗高效性

为了实现现代建筑重新回归自然、亲和自然,实现人与自然和谐共生的意愿,专家和学者们提出了"绿色建筑"的概念,并且以低耗高效为主导的绿色建筑在实现上述目标的过程中,受到越来越多人的关注,随着低耗高效建筑节能技术的完善,以及绿色建筑评价体系的推广,低耗高效的绿色建筑时代已经悄然来临。

合理地利用能源、提高能源利用率、节约建筑能源是我国的基本国策,绿色建筑节能是指提高建筑使用过程中的能源效率。在绿色建筑低耗高效性设计方面,可以采取如下技术措施。

(一)确定绿色建筑工程的合理建筑朝向

建筑朝向的选择涉及当地气候条件、地理环境、建筑用地情况等,必须全面考虑。选择建筑朝向的总原则:在节约用地的前提下,要满足冬季能争取较多的日照,夏季避免过多的日照,并有利于自然通风的要求。从长期实践经验来看,南向是全国各地区都较为适宜的建筑朝向。但在建筑设计时,建筑朝向受各方面条件的制约,不可能都采用南向。这就应结合各种设计条件,因地制宜地确定合理建筑朝向的范围,以满足生产和生活的要求。

工程实践证明,住宅建筑的体形、朝向、楼距、窗墙面积比、窗户的遮阳措施等,不仅影响住宅的外在质量,同时也影响住宅的通风、采光和节能等方面的内在质量。建筑师应充分利用场地的有利条件,尽量避免不利因素,在确定合理建筑朝向方面进行精心设计。

在确定建筑朝向时,应当考虑以下几个因素:要有利于日照、天然采光、自然通风;要结合场地实际条件;要符合城市规划设计的要求;要有利于建筑节能;要避免环境噪音、视线干扰;要与周围环境相协调,有利于取得较好的景观朝向。

(二)设计有利于节能的建筑平面和体型

建筑设计的节能意义包括建筑方案设计过程中遵循建筑节能思想,使建筑方案确立节能的意识和概念,其中建筑体形和平面形状特征设计的节能效应是重要的控制对象,是建筑节能的有效途径。现代生活和生产对能量的巨大需求与能源相对短缺之间日益尖锐的矛盾促进了世界范围内节能运动的不断展开。

对于绿色建筑来说,"节约能源,提高能源利用系数"已经成为各行各业追求的一个重要目标,建筑行业也不例外。节能建筑方案设计有特定的原理和概念,其中建筑平面特征的控制是建筑节能研究的一个重要方面。

建筑体形是建筑作为实物存在必不可少的直接形象和形状,所包容的空间是功能的载体,除满足一定文化背景的美学要求外,其丰富的内涵令建筑师神往。然而,建筑平面体形选择所产生的节能效应,及由此产生的指导原则和要求却常被人们忽视。我们应该研究不同体形对建筑节能的影响,确定一定的建筑体形节能控制的法则和规律。

(三)重视建筑用能系统和设备优化选择

为使绿色建筑达到低耗高效的要求,必须对所有用能系统和设备进行节能设计和选择,这是绿色建筑实现节能的关键和基础。例如,对于集中采暖或空调系统的住宅,冷、热水(风)是靠水泵和风机输送到用户,如果水泵和风机选型不当,不仅不能满足供暖的功能要求,而且其能耗在整个采暖空调系统中占有相当的比例。

(四)重视建筑日照调节和建筑照明节能

现行的照明设计主要考虑被照面上照度、眩光、均匀度、阴影、稳定性和闪烁等照明技术问题,而健康照明设计不仅要考虑这些问题,而且还要处理好紫外辐射、光谱组成、光色、色温等对人的生理和心理的作用。为了实现健康照明,除了研究健康照明设计方法和尽可能做到技术与艺术的统一外,还要研究健康照明概念、原理,并且要充分利用现代科学技术的新成果,不断研究出高品质新光源,同时要开发出采光和照明新材料、新系统,充分利用天然光,节约能源,保护环境,使人们身心健康。

（五）按照国家规定充分利用可再生资源

根据目前我国再生能源在建筑中的实际应用情况,比较成熟的是太阳能热利用。太阳能热利用就是用太阳能集热器将太阳辐射能收集起来,通过与物质的相互作用转换成热能加以利用。太阳能热水器与人民的日常生活密切相关,其产品具有环保、节能、安全、经济等特点,太阳能热水器的迅速发展将成为我国太阳能热利用的"主力军"。

二、文明性

人类文明的第一次浪潮,是以农业文明为核心的黄色文明;人类文明的第二次浪潮,是以工业文明为核心的黑色文明;人类文明的第三次浪潮,是以信息文明为核心的蓝色文明;人类文明的第四次浪潮,是以社会绿色文明为核心的文明。绿色文明就是能够持续满足人们幸福感的文明。任何文明都是为了满足人们的幸福感,而绿色文明的最大特征就是能够持续满足人们的幸福感,持续提升人们的幸福指数。

绿色文明是一种新型的社会文明,是人类可持续发展必然选择的文明形态,也是一种人文精神,体现着时代精神与文化。绿色文明既反对人类中心主义,又反对自然中心主义,而是以人类社会与自然界相互作用,保持动态平衡为中心,强调人与自然的整体、和谐地双赢式发展。它是继黄色文明、黑色文明和蓝色文明之后,人类对未来社会的新追求。

21 世纪是呼唤绿色文明的世纪。绿色文明包括绿色生产、生活、工作和消费方式,其本质是一种社会需求。这种需求是全面的,不是单一的。它一方面是要在自然生态系统中获得物质和能量,另一方面是要满足人类持久的自身的生理、生活和精神消费的生态需求与文化需求。

绿色建筑外部要强调与周边环境相融合,和谐一致、动静互补,做到保护自然生态环境。建筑内部不得使用对人体有害的建筑材料和装修材料。室内的空气保持清新,温度和湿度适当,使居住者感觉良好,身心健康。倡导绿色文明建筑设计,不仅对中国自身发展有深远的影响,而且也是中华民族面对全球日益严峻的生态环境危机时向全世界作出的庄严承诺。绿色文明建筑设计主要应注意保护生态环境和利用绿色能源。

（一）保护生态环境

保护生态环境是人类有意识地保护自然生态资源并使其得到合理的利用，防止自然生态环境受到污染和破坏；对受到污染和破坏的生态环境必须做好综合的治理，以创造出适合于人类生活、工作的生态环境。生态环境保护是指人类为解决现实的或潜在的生态环境问题，协调人类与生态环境的关系，保障经济社会的持续发展而采取的各种行动的总称。

保护生态环境和可持续发展是人类生存和发展面临的新课题，人类正在跨入生态文明的时代。保护生态环境已经成为中国社会新的发展理念和执政理念，保护生态环境已经成为中国特色社会主义现代化建设进程中的关键因素。在进行城市规划和设计中，我们要用保护环境、保护资源、保护生态平衡的可持续发展思想，指导绿色建筑的规划设计、施工和管理等，尽可能减少对环境和生态系统的负面影响。

（二）利用绿色能源

绿色能源也称为清洁能源，是环境保护和良好生态系统的象征和代名词。它可分为狭义和广义两种概念。狭义的绿色能源是指可再生能源，如水能、生物能、太阳能、风能、地热能和海洋能。这些能源消耗之后可以恢复补充，很少产生污染。广义的绿色能源则包括在能源的生产及其消费过程中，选用对生态环境低污染或无污染的能源，如天然气、清洁煤和核能等。

绿色能源不仅包括可再生能源，如太阳能、风能、水能、生物质能、海洋能等；还包括应用科技变废为宝的能源，如秸秆、垃圾等新型能源。人们常常提到的绿色能源指太阳能、氢能、风能等，但另一类绿色能源就是绿色植物提供的燃料，也称为绿色能源，又称为生物能源或物质能源。其实，绿色能源是一种古老的能源，千万年来，人类的祖先都是伐树、砍柴烧饭、取暖、生息繁衍。这样生存的后果是给自然生态平衡带来了严重的破坏。沉痛的历史教训告诉我们，利用生物能源，维持人类的生存，甚至造福于人类，必须按照自然规律办事，既要利用它，又要保护发展它，使自然生态系统保持良性循环。

近年来，国内在应用地源热泵方面发展较快。2005年，建设部将地源热泵技术列为建筑业十项推广新技术之一;2005 年,建设部、国家质检总局联合发布国家标准《地源热泵系统工程技术规范》,2006 年 1 月 1 日实施;2006 年,财政部、建设部发布《关于推进可再生能源在建筑中应用的实施意见》,建立专项基金,对国家级地源热泵示范项目提供财政补贴;2007 年,地源热泵示范城市项目开始启动。

地源热泵是利用地球表面浅层水源(如地下水、河流和湖泊)和土壤源中吸收的太阳能和地热能,并采用热泵原理,由水源热泵机组、地能采集系统、室内系统和控制系统组成的,既可供热又可制冷的高效节能空调系统。地源热泵已成功利用地下水、江河湖水、水库水、海水、城市中水、工业尾水、坑道水等各类水资源以及土壤源作为地源热泵的冷、热源。根据地能采集系统的不同,地源热泵系统分为地埋管、地下水和地表水 3 种形式。

第五节　综合整体创新设计

绿色建筑是指为人们提供健康、舒适、安全的居住、工作和活动的空间,同时在建筑全生命周期中实现高效率地利用资源、最低限度地影响环境的建筑物。绿色建筑是以节约能源、有效利用资源的方式,建造低环境负荷情况下安全、健康、高效及舒适的居住空间,达到人及建筑与环境共生共荣、永续发展。绿色建筑最终的目标是以"绿色建筑"为基础进而扩展至"绿色社区""绿色城市"层面,达到促进建筑、人、城市与环境和谐发展的目标。

绿色建筑的综合整体创新设计,是指将建筑科技创新、建筑概念创新、建筑材料创新与周边环境结合在一起进行设计。其重点在于建筑科技创新,利用科学技术的手段,在可持续发展的前提下,满足人类日益发展的使用需求,同时与环境和谐共处,利用一切手法和技术,使建筑满足健康舒适、安全可靠、耐久适用、节约环保、自然和谐和低耗高效等特点。

由此可见,发展绿色建筑必然伴随着一系列前所未有的综合整体创新设计活动。绿色建筑在中国的兴起,既是形势所迫,顺应世界经济增长方式转变潮流的重要战略转型,又是应运而生,促使我国建立创新型国家的必然组成部分。

一、基于环境的设计创新

理想的建筑应该协调于自然成为环境中的一个有机组成部分。一个环境无论以建筑为主体还是以景观为主体,只有两者完美协调才能形成令人愉快、舒适的外部空间。为了达到这一目的,建筑师与景观设计师进行了大量的、创造性的构思与实践,从不同的角度、不同的侧面和不同的层次对建筑与环境之间的关系进行了研究与探讨。

建筑与环境之间良好关系的形成不仅需要有明确、合理的目的,而且有赖于妥当的方法论与城市的建筑实践的完美组合。建筑实践是一个受各种因素影响与制约的繁琐、复杂的过程。在设计的初期阶段能否圆满解决建筑与环境之间的关系,将直接影响建筑环境的实现。建筑与其周围环境有着千丝万缕的联系,这种联系也许是协调的,也许是对立的。它也可能反映在建筑的结构、材料、色彩上,也可能通过建筑的形态特征表现出其所处环境的历史、文脉和源流。

建筑自身的形态及构成直接影响着其周围的环境。如果建筑的外表或形态不能够恰当地表现所在地域的文化特征或者与周围环境发生严重的冲突,那么它就很难与自然保持良好的协调关系。但是,所谓建筑与环境的协调关系,并不意味着建筑必须被动地屈从于自然、与周围环境保持妥协的关系。有些时候建筑的形态与所在的环境处于某种对立的状态。但是这种对立并非从根本上对其周围环境加以否定,而是通过与局部环境之间形成的对立,在更高的层次上达到与环境整体更加完美的和谐。

建筑环境的设计创新,就是要求建筑师通过类比的手法,把主体建筑设计与环境景观设计有机地结合在一起。将环境景观元素渗透到建筑形体和建筑空间当中,以动态的建筑空间和形式、模糊边界的手法,形成功能交织、有机相连的整体,从而实现空间的持续变化和形态交集。将建筑的内部、外部直至城市空间,看作是城市意象的不同,但又是连续的片段,通过独具匠心地切割与连接,使建筑物和城市景观融为一体。

二、基于文化的设计创新

建筑是人类重要的文化载体之一,它以"文化纪念碑"的形式成为文化的象征,记载着不同民族、不同地域、不同习俗的文化,尤其是记载着伦理文化的演变历程。建筑设计是人类物质文明与精神文明相互结合的产物,建筑是体现传统文化的重要载体,中国传统文化对我国建筑设计具有潜移默化的影响,但是在现阶段随着一些错误思想的冲击,传统文化在建筑设计中的运用需要进一步创新发展。

受中国改革开放政策的影响,中国的传统文化逐渐受到外来文化的冲击,建筑行业受外来文化和市场经济发展的影响,逐渐忽视中国传统建筑文化,盲目崇拜欧式的建筑设计风格,导致很多城市市政建设中出现了一些与本地区建筑风格完全不同建筑物出现,破坏了原先城市建筑物的整体性,为此,相关部门有必要对中国传统建筑风格进行分析研究,促进中国传统文化在建筑设计中的创新和发展,不断设计出具有中国特色的建筑。

现代建筑的混沌理论认为:自然不仅是人类生存的物质空间环境,更是人类精神依托之所在。对于自然地貌的理解,由于地域文化的不同而显示出极大的不同,从而造就了如此众多风格各异的建筑形态和空间,让人们在品味中联想到当地的文化传统与艺术特色。设计展示其独特文化底蕴的建筑,离不开地域文化原创性这一精神原点。引发人们在不同文化背景下的共鸣,引导人们参与其中,获得独特的文化体验。

三、基于科技的设计创新

当今时代,人类社会步入了一个科技创新不断涌现的重要时期,也步入了一个经济结构加快调整的重要时期。持续不断的新科技革命及其带来的科学技术的重大发现发明和广泛应用,推动世界范围内生产力、生产方式、生活方式和经济社会发展观发生了前所未有的深刻变革,也引起全球生产要素流动和产业转移加快,使得经济格局、利益格局和安全格局发生了前所未有的重大变化。

自20世纪80年代以来,我国建筑行业的技术发展经历了探索阶段、推广阶段和成熟阶段,然而,与国际先进技术相比,我国建筑设计的科技创新方面仍存在着许多问题,造成这些问题的原因是多方面的,我国建筑业只有采取各种有效措施,不断加强建筑设计的科技创新,才能增强自身的竞争力。

科技创新不足、创新体系不健全,制约着绿色建筑可持续发展的实施。我国科学技术创新能力,尤其是原始创新能力不足的状况日益突出和尖锐,已经成为影响我国绿色建筑科学技术发展乃至可持续发展的重大问题。因此,加强绿色建筑科技创新,推进国家可持续发展科技创新体系的建设,是促进我国可持续发展战略实施的当务之急。

第九章　绿色建筑规划的技术设计

　　绿色建筑的规划设计不能将眼光局限在由壁体材料围合而成的单元建筑之内,而应扩大环境控制的外延,从城市设计领域着手实施环境控制和节能战略。为实现优化建筑规划设计的目的,首先应掌握相当的基础资料,解决以下若干基本问题。

　　(1)城市气候特征。掌握城市的季节分布和特点、当地太阳辐射和地下热资源、城市中风流改变情况和现状,并熟悉城市人的生活习惯和热舒适习俗。

　　(2)小气候保护因素。研究城市中由于建筑排列、道路走向而形成的小气候改变所造成的保护或干扰因素,对城市用地进行有关环境控制评价的等级划分,并对建筑开发进行制约。

　　(3)城市地形与地表特征。建筑节能设计尤其注重自然资源条件的开发和应用,摸清城市特定的地形与地貌。城市的地形(坡地等)及植被状况、地表特征都是挖掘"能源"的源泉。

　　(4)城市空间的现状。城市所处的位置及其建筑单元所围合成的城市空间会改变当地的城市环境指标,进而关系到建筑能耗。

　　在掌握相关因素后,城市设计要从多种制约因素中综合选择对城市环境控制和节能带来益处的手段和方法,通过合理组织城市硬环境,正确运用技术措施和方法,使城市能够创造出合理的舒适环境和聚居条件。

第一节　生态规划设计的场地选择及设计

一、场地选择

在选择建设用地时应严格遵守国家和地方的相关法律法规,保护现有的生态环境和自然资源,优先选择已开发、具有城市改造潜力的地区,充分利用原有市政基础设施,提高其使用效率。

合理选用废弃场地进行建设,通过改良荒地和废地,将其用于建设用地,提高土地的价值,有效地利用现有的土地资源,提高环境质量。对已被污染的废弃地,进行处理并达到有关标准。

场地建设应不破坏当地文物、自然水系、湿地、基本农田、森林和其他保护区。在建设过程中应尽可能维持原有场地的地形、地貌,这样既可以减少用于场地平整所带来的建设投资的增加,减少施工的工程量,也避免了因场地建设对原有生态环境景观的破坏。

二、场地安全

绿色建筑建设地点的确定是决定绿色建筑外部大环境是否安全的重要前提。绿色建筑的选址应避开危险源。

建设项目场地周围不应存在污染物排放超标的污染源,包括油烟未达标排放的厨房、车库、超标排放的燃煤锅炉房、垃圾站、垃圾处理场及其他工业项目等。否则,会污染场地范围内大气环境,影响人们的室内外工作、生活。

住区内部无排放超标的污染源,污染源主要是指:易产生噪声的学校和运动场地,易产生烟、气、尘、声的饮食店、修理铺、锅炉房和垃圾转运站等。在规划设计时应采取有效措施避免超标,同时还应根据项目性质合理布局或利用绿化进行隔离。

第二节 生态规划设计的光、声、水、风环境设计

一、生态规划设计的光环境设计

绿色建筑的光环境,显示出建筑的材质、色彩与空间,是造型的主要手段。光和色彩的巧妙运用不仅能获得意境不凡的艺术效果,而且是绿色建筑创作的一个重要的有机组成部分。绿色建筑光环境的被动式设计是创造全新建筑形象和形态的重要设计方法。

光环境设计既是科学,又是艺术,同时也要受经济和能源的制约。当今世界在照明上一年要花掉 1000 亿美元,消费 10% 左右的电力。所以我们必须合理设计,使照明节能,采取科学与艺术融为一体的先进设计方法。

光环境的内涵很广,它指的是由光(照度水平和分布,照明的形式和颜色)与颜色(色调、色饱和度、室内颜色分布、颜色显现)在室内建立的同房间形状有关的生理和心理环境。

人对光环境的需求与他从事的活动有密切关系。在进行生产、工作和学习的场所,优良的照明可振奋人的精神,提高工作效率和产品质量,保障人身安全与视力健康。因此,充分发挥人的视觉效能是营建这类光环境的主要目标。而在休息、娱乐和公共活动的场合,光环境的首要作用则在于创造舒适优雅、活泼生动或庄重严肃的特定环境气氛。光可以对人的精神状态和心理感受产生积极的影响。

光环境除了对绿色建筑具有视觉效能外,还具有热工效能。换句话说,绿色建筑中光的作用在营造良好照明环境的同时,还可给建筑带来能源。

二、生态规划设计的声环境设计

目前声景观已成为环境学的新兴研究领域之一,主要研究声音、自然和社会之间的相互关系。声景观根据声音本身所具有的体系结构和特性,利用科学和美学

的方法将声音所传达的信息与人们所生活的环境、人的生理及心理要求、人和社会的可接受能力、周围环境对声音的吸收能力等诸多因素有机地连接起来,使得这些因素达到一个平衡,创造并充分利用声音的价值,发挥声音的作用,建立声音的价值评价体系,并据此去主动设计声音。

声景观的营造是运用声音的要素,对空间的声环境进行全面的设计和规划,并加强与总体景观的协调。声景观的营造是对传统意义上声学设计的一次全面升华,它超越了物质设计和发出声音的局限,是一种思想与理念的革新。传统以视觉为中心的物质设计理念,在引入了声景观的理念后,把风景中本来就存在的听觉要素加以明确地认识,同时考虑视觉和听觉的平衡与协调,通过五官的共同作用来实现景观和空间的诸多表现。

声景观的营造理念首先扩大了设计要素的范围,包含了大自然的声音、城市各个角落的声音、带有生活气息的声音,甚至是通过场景的设置,唤起人们记忆或联想的声音等内容。声景观营造的模式需因场合而异,可以在原有的声景观中添加新的声要素;可以去除声景观中与总体环境不协调、不必要、不被希望听到的声音要素;对于地域和时代具有代表性的声景观名胜等的声景观营造,甚至可以按原状保护和保存,不做任何更改和变动。

声景观通过声音的频谱特征、声音的时域特征、声音的空间特征以及声音的情感特征对人加以影响。声音是客观存在的,但它的直接感受主体是人,应注意声音对人的生理、心理、行为等各方面的影响以及人对声音的需求程度。根据声音的影响和需求程度来共同决定声音的价值,人对声音的需求程度决定声音的基本价值。声景观的内核是以人为本,好的声景观应能够达到人的心理、生理的可接受程度。

人们对声景观的需求程度较为丰富。例如,当人们在休息的时候或者处于安静状态的时候,要求声音越小越好,保持宁静的状态。但人在精神处于紧张状态的时候,如果周围的环境过于安静,则会增加精神上的压力,这时候反而需要适当的舒缓音乐来放松神经,或者需要相对强烈一些的声音来与内心的紧张产生共鸣,由此来掩蔽心理上的紧张。此外,任何声音都是通过某些具体的物质产生,这就要求声音能够有效传达声源的某些信息,让声音成为事物表达自身特征的标志之一。通过此标志,人们可以认识到发声物体的某些方面的性能。在人们认识到声音某些性能的同时,声音也应满足人们在某些方面不同程度的需求。这些需求不是静止的,它随着历史、文化的差异而不同,随着社会的发展而发展。

三、生态规划设计的水环境设计

水环境是绿色建筑的重要组成部分。在绿色建筑中,水环境系统是指在满足建筑用水水量、水质要求的前提下,将水景观、水资源综合利用技术等集成为一体的水环境系统。它由小区给水、管道直饮水、再生水、雨水收集利用、污水处理与回用、排水、水景等子系统有机地组合,有别于传统的水环境系统。

水环境规划是绿色建筑设计的重要内容之一,也是水环境工程设计与建设的重要依据,它是以合理的投资和资源利用实现绿色建筑水环境良好的经济效益、社会效益及环境效益的重要手段,符合可持续发展的战略思想。通过建筑内与建筑外给水排水系统、雨水系统,保障合格的供水和通畅的排水。同时建筑场地景观水体、大面积的绿地及区内道路也需要用水来养护与浇洒。这些系统和设施是绿色建筑的重要物质条件。因此,水环境系统是绿色建筑的具体内容。

绿色建筑水资源状况与建筑所在区域的地理条件、城市发展状况、气候条件、建筑具体规划等有密切关系。绿色建筑的水资源来自以下几个方面。

自来水资源来自城市水厂或自备水厂,在传统建筑中自来水为水环境主要用水来源,生活、生产、绿化、景观等用水均由自来水供应,耗用量大。

生活、工业产生的污废水在传统建筑中一般直接排入城市市政污水管网,该部分水资源可能没有得到有效利用。事实上部分生活废水、生产废水的污染负荷并不高,经适当的初级处理后便可作为水质要求不高的杂用水水源。

随着水资源短缺矛盾越来越突出,部分城市对污水厂出水进行深度处理,使出水满足生活或生产杂用水的标准,便于回收利用,这种水称为市政再生水。建筑单位也可对该区域内的污废水进行处理,使之满足杂用水质标准,即建筑再生水。因此,在条件可行的前提下,绿色建筑中应充分利用该部分非传统水资源。

传统建筑区域及场地内的雨水大部分由管道输送排走,少量雨水通过绿地和地面下渗。随着建筑区域内不透水地面的增加,下渗雨水量减少,大量雨水径流外排。绿色建筑中应尽量利用这部分雨水资源。雨水利用不仅可以减少自来水水资源的消耗,还可以缓和洪涝、地下水下降、生态环境恶化等现象,具有较好的经济效益、环境效益和社会效益。

在某些特殊位置的建筑,靠近河流、湖泊等水资源或地下水资源丰富,如当地政策许可,可考虑该部分水资源的利用。

总之,绿色建筑水环境设计应对存在的所有水资源进行合理规划与使用,结合城市水环境专项规划以及当地水资源状况,考虑建筑及周边环境,对建筑水环境进行统筹规划,这是建设绿色建筑的必要条件。而后制定水环境系统规划与设计方案,增加各种水资源循环利用率,减少市政供水量(主要指自来水)和污水排放量(包含雨水)。

四、生态规划设计的风环境设计

绿色建筑的风环境是绿色建筑特殊的系统,它的组织与设计直接影响建筑的布局、形态功能。建筑的风环境同时具备热工效能和减少污染物质产生量的功能,起到节能和改善室内环境的作用,但是两者有时会产生矛盾。

同城市和建筑中的噪声环境、日照环境一样,风环境也是反映城市规划与建筑设计优劣的一个重要指标。风环境不仅和人们的舒适、健康有关,也和人类安全密切相关。建筑设计和规划如果对风环境因素考虑不周,会造成局部地区气流不畅,在建筑物周围形成旋涡和死角,使得污染物不能及时扩散,直接影响人的生命健康。作为一种可再生能源,自然通风在建筑和城市中的利用可以减少不必要的能量消耗,降低城市热岛效应,因而具有非常重要的价值和意义。

城市中的风环境取决于两个方面的因素:其一是气象与大区域地形,例如在沿海地区、平原地区或山谷地区,每年受到的季风情况等,这一因素是城市建设人员难以控制的;其二是小区域地形,例如城市建筑群的布置、各建筑的高度和外形、空旷地区的位置与走向等。这些因素影响了城市中的局部风环境,处理得不好,会使某些重要区域的风速大大增加或者造成风的死角,而这一因素是城市规划人员可以控制的。研究风环境的规划问题,实际上就是在给定的大区域风环境下,通过城市建筑物和其他人工构筑物的合理规划,得到最佳小区域地形,从而控制并改善有意义的局部风环境。

风环境的规划主要有两个目标:一方面要保证人的舒适性要求,即风不能过强;另一方面要维持空气清新,即通风量不能太小。

在建立风环境的舒适性准则时,一般涉及以下两个指标:第一是各种不舒适程度的风速,第二是这种不舒适风速出现的频度。只有引起某种程度的让人感到不适的风速出现频度大于人可接受的频度时,才认为该风环境是不舒适的。其他参数,例如湍流强度,尽管也可以影响人的舒适度,但在风环境规划时一般可以不考虑。另外,值得指出的是,各种风环境的舒适性准则是带有很大主观性的,需要通过实验与调查才能建立,因而各国学者所提出的舒适性准则也有很大不同。

室外风速过高的问题经常出现在高层建筑附近或者风的通道上,这也是绝大多数规划中遇到的问题。但现实中也存在通风不足的情况,在高密度地区,例如中国香港地区,当地建筑密度过高以致整个城市基本没有通风。特别是"非典"疫情后,这一问题引起了广大市民和政府的高度重视,并投入了大量资金解决这一问题。针对这一问题提出了"城市针灸法",期望在城市中建立若干风走廊,在未来的建筑设计中进行风环境设计。另一个在实际中常常遇到的问题是街道通风。由于街道上往往有大量交通工具排放的有毒物质,设计中如果风向与街道垂直则会在街道形成风影区,使有毒物质滞留在街道中,对附近居民造成影响。

第三节 生态规划设计的道路系统设计

一、生态道路交通系统的设计理念

绿色建筑的生态道路交通系统,是绿色建筑及场地周边人、车、自然环境之间的关系问题。从场地道路的本质来看,人的安全是其设计的首要原则。居民的活动大多以步行方式为主,而非机动交通、道路的设置也相应区别于城市道路。我们纵观场地道路交通系统的发展进程,从雷德伯恩模式、交通安宁理论到人车共享理论都是对居民的安全保障所做出的努力和一系列改善住区步行环境的政策和措施。下面我们将对这些理念进行简要介绍,并在后面详细地介绍步行空间组织方案。

(1)雷德伯恩模式。早在1928年,美国区域规划协会的雷德伯恩,受卡尔法特设计的纽约中央公园影响,第一次在住区中设置了独立的机动交通系统和人行交通系统,创造了一个人车平面分离的交通模式。每户住宅一面连接车行道(支路或尽端路),另一面连接人行系统。当步行道穿越车行道时,采用高架或地道的方式进行处理。此外,通过严格的道路分级,避免了城市交通的穿越。雷德伯恩模式作为一种新的设计形态,被认为是适应机动化时代发展的重要一步。

(2)交通安宁理论。20世纪80年代初,英国率先提出了交通安宁理论。总的观点是将传统街道中人行道与车行道纳入一块板的路面,使驾驶人员产生自家院落的视觉印象,并通过绿化、座椅等设计手段强化这种感觉,迫使车速降至人步行速度,减少交通事故的数量和严重性,降低机动车对环境的消极影响,创造富有人情味的街道空间;同时提倡步行、骑自行车等其他非机动交通方式。

(3)人车共享理论。20世纪80年代,西方汽车社会开始了人车共享理论的研究,人与车的关系发生了质的变化,人车平等共存的概念逐渐取代了人车分离的概念。人们试图为所有的道路使用者改善道路环境,使各类交通方式能够协调共处。

(4)"绿波"交通管理理念。绿色的交通组织——"绿波"交通,是目前国外一种有效的组织交通方法,是在一条干道的一系列交叉口上,安装一套具有一定周期的自动控制联动信号灯,使主干道上的车流依次到达各交叉口时,均会遇到绿灯。

这种有节奏变化的"绿波"交通组织,可以使车辆在交叉口无须停车等候开放绿灯,以提高路段的平均速度和通行能力,这样能够缓解行车人的焦虑心情,减少抢道、抢灯的情况发生,保障了驾车人和行人的安全。

二、生态道路系统设计的原则

(一)整体原则

无论是生态建设还是生态规划都十分强调宏观的整体效应,所追求的不是局部地区的生态环境效益的提高,而是谋求经济、社会、环境三个效益的协调统一与同步发展,并有明显的区域性和全局性。

(二)开放原则

城市道路上的交通污染只通过道路本身来消纳是难以办到的,需要通过道路所处的自然环境和地形特征,结合道路广场、景区绿地,打破"路"的界限,将其往周边作扇形展开,使其更具扩散性,进而降低道路上的废气含量。

(三)交通便利便捷原则

在信息时代,除了实现办公网络化外,还应通过规划手段来实现公交网络化和土地综合利用,以减少交通量和提高交通运行能力,同时还应全面提高人们的交通意识,以此来建设一个有序、便捷的交通系统。

（四）生态原则

由于城市道路用地上的自然地貌被破坏而重新人工化,故须重新配置植物景观,在配置时,应将乔、灌、草等植物进行多层次的错综栽植,以加强循环、净化空气、保持水土,从而创造一个温度和湿度适宜、空气清新的环境。

三、生态道路系统的路网层级

生态路网系统的设计是指在生态平衡理论、生态控制论理论以及生态规划设计原理的指导下,通过相互依存、相互调节、相互促进的多元、多层次的循环系统,使道路系统处在最优状态。它涉及多个领域,应该通过完整的综合设计来完成,从其涉及的对象和地理范围大致可分为三个层次,即区域级、分区级和地段级。

（1）区域级的生态道路系统设计。区域层次上的生态道路网设计,应提前做好生态调查,并将其作为路网规划设计工作的基础,做到根据生态原则利用土地和开发建设,协调城市内部结构与外部环境在空间利用、结构和功能配置等方面与自然系统的协调。

①城市的一定区域范围内存在许多职能不同、规模不同、空间分布不同,但联系密切、相互依存的区域地块。各城镇间存在物流、人流、信息流等,这些都通过交通运输、通信基础设施来承载。其中最重要的就是道路交通,它必定穿越大量自然区域,造成对自然环境的破坏。因此,各城镇之间的道路联系必须从整个区域的自然条件来考虑。如何充分利用特定的自然资源和条件,建立一个环境容量优越的道路网系统,这不仅是区域的问题,也是城市的问题。

②通过路网的有机组织,创造一个整体连贯而有效的自然开敞绿地系统,使道路上的环境容量得以延伸。为此在土地布局和路网规划时,应该在各绿地间有意识地建立廊道和憩息地,结合城市开敞空间、公园及相关绿色道路网络设计,使绿色道路、水系与公园相互渗透,形成良好的绿地系统。

③自然气候的差异对城市路网格局的影响也很大。热带和亚热带城市的布局可以开敞通透一些,有意识地组织一些符合夏季主导风向的道路空间走廊和适当增加有庇护的户外活动的开敞空间;也可利用主干道在郊区交汇处设置楔形的绿化带系统把风引入城市,起到降温和净化空气的作用。而寒带城市则应采取相对集中的城市结构和布局,以利于加强冬季的热岛效应,降低基础设施的运行费用。

（2）分区级的生态道路系统设计。分区级的生态道路系统,应该侧重强调发展公共交通系统和加强土地的综合利用。前者在于提高客运能力,后者在于减少交通量。若两者能充分发挥各自的优点,就会达到减少交通污染的目的。

①大力发展公共交通系统。在西方发达国家,大部分学者认为,为了实现生态道路网系统,应尽量鼓励人们使用公共交通系统。目前,我国政府已经颁布了城市公交优先的政策,许多城市都开始建设先进的快速公交、地铁系统等。同时,公交运营管理制度也正在不断改善,居民出行乘坐公交比重逐步提高,不仅会使城市形态和生态改观,而且将大量节约城市道路用地,进一步改善城市绿化环境。

②所谓土地综合利用,就是在城市布局时,把工作、居住和其他服务设施结合起来,综合地予以考虑,使人们能够就近入学、工作和享用各种服务设施,缩短人们每天的出行距离需求,减少出行所依靠的交通工具,提高道路环境的清洁度。目前国外经常提及的完全社区、紧凑社区等正是这类社区的代表。这种土地综合利用规划,经常与城市交通规划结合在一起,有助于形成以公共交通系统为导向的交通模式。

（3）地段级的生态道路系统设计。在地段级这一层次上,主要是道路的生态设计。它是上两个层次的延续,应该充分利用道路这一多维空间进行设计,使道路上的污染尽可能在其中消纳和循环。

①改变传统做法,建设透水路面。很多道路采用透气性、渗水性很低的混凝土路面,使地下水失去了来源,热岛效应恶化。而采用高新技术与传统混凝土路面技术的有机结合,使建设透水路面技术变得更成熟。若慢车道和人行道能采用这种路面,将有效改善生态环境。

②改变传统桥面做法,建设防滑降噪路面,即采用透水沥青面层,形成优良的表面防滑性能和一定的降噪效果,降低环境及噪声污染,改善居住环境。

四、步行空间的创造

(一)宜人的步行空间对绿色道路交通系统的功能性及社会性意义

居民生活区的道路往往是居民活动聚集的地方,在适当位置设置行人步行专区,可以大幅度减少车辆对人和环境的压力,同时也减少行人对车辆交通的影响。在环境方面,可以在一定程度上减少空气、视觉、听觉污染,使居民能充分享受城市生活的乐趣;在经济方面,有利于改善和增进商业活动,吸引游客或顾客,并提供更多的就业机会;在社会效益方面,步行空间可以提供步行、休息、游乐、聚会的公共开放空间,增进人际交流、地区认同感与自豪感,在潜移默化中提高市民的素质。

(二)步行空间中人的行为特征

人的行为在步行环境中具有一些值得注意的特征,只有细致考虑这些因素的影响,才能深入地了解步行空间的人性化设计。人的行为规律是步行环境设计的基础,在步行环境中,人的行为从动作特征上来说分为动态行为与静态行为。从行为者的主观意愿来分,可分为必要性活动行为与自发性活动行为。不同的行为提出了不同的空间需求。

动态行为包括有目的通行、无明确目的散步、购物、游戏活动等。这些活动要求步行空间能提供宽松的环境、便捷的路线,以满足必要性的活动要求。同时为了吸引人们的各种自发性活动,步行空间又应为人们提供丰富的空间与生活体验。

静态行为包括逗留、小坐、观看、聆听、交谈等一系列固定场所行为。逗留与小坐是人在室外的步行活动中的一项重要内容。"可坐率"已成为衡量公共环境质量的一项重要指标。它不仅为行人提供了劳累时休息的场所,还为人们进一步的交谈、观看等活动创造了条件。除提供可坐的各种设施以外,它们的位置与布局也至关重要。一方面要考虑朝向与视野,能观看各种活动与景观;另一方面又应考虑座位应具有良好的个体空间与安全感。

(三)地块步行空间规划的设计思想

总的来说,地块步行空间规划设计需以"以人为本"为设计思想,具有安全性、便利性、景观性与可识别性等主要特征。

（1）安全性与安定性原则。安全性主要是指通行活动的安全；安定性是指人的活动不受干扰，没有噪声和其他公害的干扰。其中最关键的一点是对汽车交通进行有效的组织和管理。从对车辆的管理程度与方式可以分为以下三种步行区。

①完全行人步行区，是指人车完全分离，禁止车辆进入，专供人行的空间。从人车分离的方法看可以分为平面分离与立体分离。平面分离是指除紧急消防及救难等用途外，其余车辆绝对禁止进入步行区。立体分离指的是高架步行空间和地下步行空间，它保证了步行空间的无干扰性，丰富了城市景观，同时有助于缓解地块内部的用地紧张。

②半行人步行区。这种形式的步行区或以时间段来管理机动车辆进入，或在空间上进行限制和管理，实行人车共存。在人车共存空间通过设置隔离墩、隔离绿带、栏杆等限制物件对空间进行有效的控制和管理，保证步行者活动的自由和安全，同时兼顾交通运输的需求。

③公交车专行道步行区，即小轿车等机动车辆不得驶入，但公交车或专用客运车辆可以驶入。

（2）方便性原则。步行空间的设计应充分满足人在步行环境中的各种活动要求。就动态行为而言，步行空间应具有适宜的街道尺度、适中的步行距离、有边界的步行路线及合适的路面条件；应根据步行区域人流量的调查与预测来确定步行空间尺度，避免过于拥挤而产生压迫感以及过于空旷而缺乏生气；并应同时考虑婴儿车、轮椅等步行交通的特殊要求，保证行人通行的流畅。调查表明，对大多数人而言，在日常情况下乐意行走的距离是有限的，一般为 400～500m。对于目的性很强的步行活动来说，走捷径的愿望非常执着；而对目的性不强的逛街者来说，一览无遗的路线又会令人觉得索然无味，这就要求在路线变化与便捷之间合理地平衡，进行最佳的设计。对于静态行为，主要是能够提供良好的休息空间，在布局设计上应通盘考虑场地的空间与功能质量。每个小憩之处都应具有相宜的具体环境，并置于整个步行空间的适宜之处，如凹处、转角处能提供亲切、安全和具有良好的微气候的休息空间。此外，步行空间的设计还应考虑根据气候和环境条件，设置避雨遮阳设施、亭台廊架等。

（3）良好的景观与可识别性的原则。一个成功的步行环境设计应当富有个性且十分吸引人，这样的步行环境又必须具有良好的空间景观，空间结构富有特色且易于识别。步行空间与周围城市环境应有和谐亲切的关系。步行空间的景观营造应从宏观与微观两个层次进行深入设计。从宏观层次看，应充分利用城市环境的地形、地貌、道路与建筑环境营造出丰富的天际轮廓线与曲折多变的街景空间；从微观层次上，要善于利用绿化、小品、水体、材质等进行空间组织，营造出亲切宜人的微观环境。此外，在空间及景观设计上应尽可能引入独特的文化特色，增强步行空间的文化品位和可识别性。

第四节　生态规划设计的绿化环境设计

一、绿色建筑植物系统的基本概念

　　植物系统是生态系统的重要组成部分，它是绿色植物通过光合作用，将太阳能从地球生态系统之外传输到地球生态系统之中，推动地球生态系统生生不息的能量流动与物质循环。植物系统的结构在很大程度上也决定了生态系统的形态结构，植物不仅为动物和微生物的生存提供了物质和能量，而且在空间的分布上也为动物和微生物提供了不同的栖息场所，植物系统在地上和地下的成层性生长为动物和微生物的生存创造了丰富的植物异质空间微生境。生态系统的服务功能包括大气组成的调节、气候的调节、自然灾害的控制、水量调节、水资源保持、控制侵蚀、土壤形成与保持、营养元素循环和废物治理、遗传、生物量控制、栖息地、食物生产、原材料生产、基因资源、娱乐和文化等，每一项服务功能的发挥都少不了植物系统的作用。植物系统改变周围环境的能力对生态系统各个方面也产生了深刻影响。植物系统的健康生长不仅受外界环境因素的支配，它本身也影响和改变着外界环境，在相互的作用过程中植物系统最终创造出了自己的群落环境，从而为群落内动物和微生物的生存提供了合适环境。植物对环境的改造作用是生态系统达到稳定状态和生态系统结构复杂分化趋于更加稳定的基础；植物系统在一定程度上体现了生态系统的景观特征，因此，可以说植物系统构建的好坏决定了整个生态系统的生态结构和功能以及其稳定性与景观特点的好坏。

　　但同时城市发展对植物系统也产生很大的影响。城市的发展使适宜植物生存的自然环境减少，城市地面的硬化阻断了与自然土壤的交流，湿地面积减小，而且残存的水流被限制，废物与污染物聚集，缺乏作为捕食者的动物物种，进而导致城市生物多样性降低，使城市生态系统结构表现出"倒金字塔形"的特点。维持城市生态系统所需要的大量营养物质和能量不得不从系统外的其他生态系统输入,而产生的各种废物也不能靠城市生态系统内部的分解者有机完成其物质分解和归还过程,必须靠人类通过各种措施加以处理,给整个地球环境造成越来越多的负担。

城市发展对城市生态系统的破坏,可以通过植物系统的恢复来逐渐改善。一方面,城市的发展大大改变了植物的适宜生境,减少了植物的数量和多样性分布,大大降低了城市植物系统的服务功能;而另一方面,却又迫切强烈要求要增加城市内的植物系统的数量和质量。1980 年,国际建筑师协会在以"人类城市:建筑师面临的挑战与前景"为主题的学术会议中明确指出,当代最突出的问题是人类环境的恶化,要求城市规划必须着重于环境的综合设计。但当时仍未能认识到建筑的植物系统在整个城市生态系统中的重要作用,仍把它看成是在各类绿地系统中处于从属的地位。在目前城市其他各类绿地都基本没有太多潜力挖掘的状况下,绿色建筑植物系统的研究与设计应用必将成为近期城市绿化发展的主流。

何为"绿色建筑植物系统"? 绿色建筑植物系统指的是绿色建筑场地与建筑本体上的植物系统,是一种特殊形式的植物系统。它与其他并行的绿地的植物系统同样可以作为城市生态系统中的最基本要素,共同组成城市的生态安全框架,逐渐改善城市非生物生境,使整个城市的生态系统趋于合理。绿色建筑植物系统除具有一般生态系统的服务功能中的绝大多数功能外,还具有一些特殊的服务功能。它可以为建筑提供新风环境,实现建筑节能,综合起来可概括出如下一些主要功能。

(一)绿色建筑植物系统的生态功能

自然气候可以通过住区环境和建筑的具体规划与设计来调节。对于居住环境,古时候人们已经发现了城市和单体建筑的形态与环境性能之间的关系,试图通过设计改善建筑室内与周边的热环境。如西班牙格拉达的爱尔罕布拉宫的狮子宫,直到 1000 多年后的今天,这个建筑群依然保持着相当良好的环境品质,当夏天户外的最高气温超过 35℃时,室内温度仍然可以维持在舒适的范围内。

当今有更多的技术可以调节建筑的室内外环境,其中最为生态的依然是植物系统,植物系统能够改善建筑环境的空气质量,除尘降温、增湿防风、蓄水防洪,实现建筑的进一步节能,维系绿色建筑生态系统的平衡,在改善建筑生态环境中起到主导和不可替代的作用。其主要体现在以下几个方面。

(1)植物能遮挡阳光,降低温度,实现建筑节能,降低对外界能源的消耗。"绿色空调"植物系统可遮挡夏日直射的阳光,减少辐射,通过蒸发吸热作用降低温度,过滤和冷却自然风,成为自然环境和室内环境的生态调节器。据观测,当水泥地表温度为 34.5℃ 时,草坪上为 33.3℃,树荫下为 31.7℃。在城市中,绿化覆盖率在 45% 以上的公园,盛夏的气温比其他地区低 4℃ 左右,热岛强度明显降低。由于树冠大小不同,叶片的疏密度、质地不同,不同树种的遮阴能力也不同,遮阴能力越强,降低辐射热的效果越显著。美国还曾于 1990 年利用计算机模拟了不同城市植物系统遮光和防风对能耗降低的效果,发现植物可以实现建筑的节能。

(2)降噪滞尘。在闹市区,建筑周围的树木可起到良好的声屏障作用。密排设置在噪声源与接收点之间时树木枝叶通过与波发生共振吸收一部分声能,另外,树叶与树枝之间的间隙可像多孔吸声材料一样吸收一部分声能。研究发现,快车道上的汽车噪声,在穿过 12m 宽的悬铃木树冠达到其后的三层楼窗户时,与同距离的空地相比,噪声减弱量为 3~5dB。乔灌木结合的厚密树林减噪声的效果最佳。实践证明,较好的隔声树种是雪松、龙柏、水杉、悬铃木、梧桐、云杉、棵树等。

植物枝叶能吸附空气中的悬浮颗粒,有明显的减尘作用。尘埃中不但含有土壤微粒,还含有细菌和其他金属性粉尘、矿物粉尘等,会影响人的身体健康。树木的枝叶可以阻滞空气中的尘埃,使空气更加清洁。大片绿地生长季节最佳减尘率达 61.1%,非生长期在 25% 左右。各种树的滞尘能力差别很大,桦树比杨树的滞尘能力大 2.5 倍,针树比杨树大 30 倍。一般而言,树冠大而浓密、叶面多毛或粗糙以及分泌有油脂或黏液的树有较强的滞尘能力。此外,草坪也有明显的滞尘作用。据日本的资料显示,有草坪的地方其空气中滞尘量仅为裸露土地含尘量的 1/3。

(3)植物具有吸收多种有毒气体、净化空气的能力。叶片吸收 SO_2 后在叶片中形成亚硫酸和毒性极强的亚硫酸根离子,亚硫酸根离子能被植物本身氧化,转变成为毒性是其 1/30 的硫酸根离子,所以能达到解毒作用而使其不受害或减轻受害。不同种类的植物其吸收有害气体的能力是不同的,一般落叶树的吸硫能力强于常绿阔叶树,更强于针叶树。如一般的松林每天可从 $1m^3$ 空气中吸收 20mg 的 SO_2,每公顷柳杉林每年可吸收 720kg SO_2,每公顷垂柳在生长季节每月能吸收 10kg SO_2。植物还具有吸收苯、甲醛等有害气体的能力。盆栽的室内植物也能去除空气中的挥发性有机化合物,可减少室内空气污染,它们是许多微量污染物的代谢渠道。

(4)植物能分泌杀菌素,对人有保健功能。在植物园、公园附近或森林中生活的人们很少生病,很大的一个原因是植物能分泌杀菌素和杀虫素,这是在 20 世纪 30 年代被科学家证实的。人们对于花卉有益于人的健康的认识在中国有很悠久的历史。我国皇家园林和寺庙园林中种植有大量松柏树,空气新鲜,人们生活在这种环境里能健康长寿。科学家通过研究发现,松树林中的空气对人类呼吸系统有很大好处,松树和杉树能杀死螺状菌,桃树、杜鹃花能杀死黄色葡萄球菌等。

(5)植物具有释放有益挥发物的能力。植物的花和果实主要通过花瓣以及腺体释放具有一定香气的植物挥发物,它与人体健康密切相关。人体通过嗅闻不同组分的香气达到治病和调节生理的功能。例如,玫瑰、茉莉、柠檬、甜橙等散发的香气具有调理功能。

(6)植物具有增加空气中负氧离子含量、调节人身心的功能。空气中负氧离子对调节人的身体状况有重要作用。负氧离子除了能够使人感到精神舒畅,还有调节神经系统和促进血液循环的作用;可以改善心肌功能,增强心肌营养,促进人体新陈代谢,提高免疫能力;可以降低血压、治疗神经衰弱、肺气肿、冠心病等,对人体有预防疾病、增进健康和延年益寿的功能,被称为"空气维生素或生长素"。

(7)植物具有防火防灾的功能。有些植物不易燃烧,可以起到有效的防火作用。

(8)植物能够过滤净化污水。植物系统具有过滤净化雨水和建筑生活污水的功能。

(二)植物系统的心理学作用与保健功能

种植绿色植物的庭院对人的心理影响是相当大的。夏天,植物葱郁的青绿色可令人心绪宁静,感觉凉爽,从而提高工作效率。有研究表明,人在绿色环境中的脉搏比在闹市中每分钟减少4~8次,有的甚至减少14~18次。因而在建筑中可充分利用植物产生的色彩心理效应,提高室内的舒适度。

在园艺治疗的发展研究中发现,观赏自然窗景时有较低的脉搏频率,在有窗植物栽植设置的环境中有最低的状态焦虑值。这表明植物的绿色会带给人们安宁的情绪,从视觉感官和心理上可以消除精神的疲劳。

(三)植物系统具有良好的景观功能和文化功能

植物是景观构成中不可缺少的要素之一,是造园四大要素中唯一具有生命的最富自然秉性的元素。由于植物的点缀而使园林焕发勃勃生机,所谓"庭园无石不奇,无花木则无生气"。历来中外园林首先都是给人带来植物美感的享受,如欧洲的园林,不论花园还是林园,顾名思义都是以植物为造景的主要手段。

植物蒙天地孕育、雨露滋润,最具有自然的灵性,文人雅士常常借以言志,寄托感情,寻求植物特性与自身品格的契合,进而比德于物,如竹子的"高风亮节"、莲花的"出淤泥而不染"、松竹梅被誉为"岁寒三友"等。在园林中,植物以其姿态、色彩、香味、季相、光影、声响等方面的属性发挥着景象结构的作用,可以产生独特的意境。

植物具有独特的自然美,是构成景观美和意境美的基础,主要体现在以下六个方面。

(1)姿态。植物由干、枝、冠组成。自然界中的树形千姿百态,然而不同种类总有其相对固定的形态,如垂柳的婀娜多姿,松柏的苍雅古拙,碧竹的清秀优雅,紫藤的柔劲蜿蜒等,构成园林景观空间的不同形态与格调,并且从植物的选配上可体会到中国山水画的审美标准。

(2)色彩。其主要体现为叶色与花色的变化。植物的叶色多种多样,有浅绿色、黄绿色、深绿色、黄色、橘红色、红色、紫色等,绚丽多彩;花色更具有魅力,每当花开季节,百花争艳,姹紫嫣红,令人陶醉。在中国传统园林中,常常利用植物的色彩强化建筑主题,渲染建筑空间的气氛。

(3)芳香。植物的芳香清新宜人,使人倍感爽朗。香无形无迹,往来飘浮,因而颇具抽象美与动态美。园林花木以不同类型的芳香,幽幽地传达自然亲情,以无形的存在说明自然的真实与美妙。植物的芳香最能慰藉人的心灵,是诱发幽思、抒发情怀的最佳媒介。

(4)季相。植物是景观中最富变化的组成部分,其自身在一年四季生长过程中不断变幻着形态、色彩,呈现出不同的生物特征。其构成的景色也随着季节的变化而变化,表现出季相的更替。因此,在设计中应把植物的季相变化作为景观应时而变的因素加以考虑,使春夏秋冬四时之景不同:春发嫩绿,夏披浓荫,秋叶胜似春花,冬季则有枯木寒林的画意。

(5)光影。植物犹如滤光器,日光、月光经过树冠的筛滤形成深浅斑驳的光影变化,月移花影,蕉荫当窗,梧荫匝地,槐荫当庭,景色无不适人,可以产生感人的意境。

(6)声响。其主要是指由于自然界中的风雨影响,使植物枝叶产生的声响,给人以听觉的感受。传统园林中借助植物表现风雨,借听天籁,增添诗意,使空间感觉千变万化,别具风味。

总之,植物与建筑配合体现了自然美与人工美的和谐统一。建筑与植物的密切结合,是我国建筑的一个优良传统,无论是居住、宗教、宫廷还是园林建筑群,植物都与建筑浑然一体。

二、绿色建筑场地植物系统的设计与组织

绿色建筑场地植物系统设计与组织的主要目的是在生态规划、城市规划、城市设计的指导下,依据绿色建筑系统的功能要求,选择主导因子,对绿色建筑系统场地进行植物功能需求分析,选择具有不同功能的适宜植物系统进行设计与配置,来满足绿色建筑系统场地的不同功能需求。

植物系统在绿色建筑系统场地中的配置应用可以为绿色建筑提供良好的生态效益和景观功能。尽管植物系统在单体绿色建筑和生态社区场地中的组织形式不尽相同,在高层建筑和低层建筑场地中也各有特点,但也存在一些共性的设计。

建筑把室内组成了一个特殊的生态系统,该系统可以不受外界环境的限制,组成一个独立的生态系统。但场地系统则受环境影响大,除遵循一般性原则外,还需要遵循下列一些基本原则。

(一)绿色建筑场地植物系统配置的原则

1. 植物系统的地带性原则

由于城市所在的地理位置、土壤结构和气候条件不同,周边的自然植被和植物群落差别也很大,在植物品种、色彩配置上,也有内涵和外在的差别。故在绿色建筑系统选择植物时应因地制宜、因需选种、因势赋形,充分体现浓郁的地方特色;并在注重乡土植物应用的基础上,适度应用外来树种,丰富发展良好景观。

2. 群落配置的结构与层次性原则

植物的个体美以及季节变化可以组成植物的群体美,群落的季相变化。不同植物在植物群落中占据着相同、相似或不同的生态位,乔、灌、草、藤本、地被等各类植物复层混交组成的群落系统能够发挥植物系统的最大功能。植物群落结构是变化的,不同年龄个体组成的种群以及群落具有更强的适应性。因此,国外绿化通常采用不同树龄的苗木。

3. 生态恢复和生态重建相结合的原则

生态系统的恢复与重建,实际上是在人为控制或引导下的生态系统演变过程。因此,生态恢复设计必须遵从生态学的基本原理,根据生境条件不同和目的不同,采取不同的具体步骤。在生境条件恶劣,特别是土壤状况不良的地段,要想加强生

态演替的自然进程,首先种一批长得快、要求低的先锋性物种,将地表快速覆盖上植物,改善土壤排水、固氮,刺激土壤微生物生长,给后期物种提供较好的微环境,之后种植生长周期长、耐阴的物种,该物种最终能完全替代先锋性植物。对土壤条件较好或生境改善以后的场地,可以直接利用当地的乡土树种在短时间内依据生态学原则建立适应当地气候、土壤稳定的顶极群落类型。对场地水体区域来说,因为不存在缺少水分这一限制植物生长的主导因子,所以容易采用人工生态恢复的途径;但对有一定程度污染的水体还要注意首先引入抗污染和净化能力强的水生植物,然后再让其自然演替或加以适当的人工干预,以加快其生态演替。

(二)绿色建筑场地植物系统的设计方法

在现有的不同植被条件下以及在绿色建筑的重建与改建的过程中,植物系统的设计不尽相同。由于建筑师常面临的问题是一般生态条件下进行的绿色建筑的生态化设计,因此,这里主要讨论绿色建筑系统场地植物系统重建的设计方法。任何一个植被系统及其生态系统都具有多项综合功能,但在现实中往往单一植被功能或几项功能的需求更加突出,发挥植物系统的最佳综合功能,特别是充分发挥其最大单项服务功能,是绿色建筑系统场地植物系统设计的最主要的目的。

1. 防污配置

植物具有良好的净化大气的能力,如果绿色建筑系统周围存在一定程度的大气污染区域,则该绿色建筑系统设计首先应考虑选择吸收有害气体强的植物种类,构建适宜的植物净化系统。

2. 滞尘配置

滞尘主要包括防止地表尘土飞扬,加速飘浮粉尘降落,阻挡含尘气流向建筑物的扩散和侵袭,将粉尘污染限制在一定范围内。为获得最大的滞尘效果,要注意合理的布局和适宜的配置结构。

3. 植物系统与绿色建筑场地风环境的组织

结合绿色建筑系统的具体特点,根据建筑所处的纬度,特别是所处气候带特点,参考风向类型,进行植物系统的合理配置,可以在不同的季节为建筑系统提供良好的新风环境。结合建筑的门窗位置设计、场地和绿化,借助树木形成的空气流动可以帮助建筑室内通风。夏季因植物本身有水分蒸发,会形成一个气流上升的低压区,这时就会引导空气过来填补,气流的流动就自然而然形成了风。不同的植物形态对通风的影响各不相同,密集的灌木丛如果紧靠建筑物,就会增加空气的温度和湿度,并且会因为它的高度刚好能阻挡室外的凉风进入室内,严重影响夏季通风。

(三)绿色建筑场地植物系统的景观设计

植物与建筑的配置是自然美与人工美的结合。若处理得当,则植物丰富的自然色彩、柔和多变的线条、优美的姿态及风韵都能增添建筑的美感,使之产生一种生动活泼,具有季节变化的感染力及一种动态的均衡构图,使建筑与周围的环境更为协调。通过植物系统的景观设计,充分利用植物系统的色彩、姿态、芳香、声响、光影、季相变化等要素,为绿色建筑系统提供良好的视觉效果和舒适的感受、宜人的户外活动与交往空间,并通过调和建筑创造良好的景观环境。

1. 创造景观的种植方式

根据场地绿化的功能分区,既可采用中心植、对植、列植等规则式的种植方式,也可采用孤植、丛植、群植、林植和散点植等自然式的种植方式来栽植树木;既可以将花草配置成花坛、花境,也可以配置成花丛和花群等各种形式,有时在场地中还存在多种形式的垂直绿化等。

2. 加强植物生物多样性

利用丰富的植物种类创造优美景观。众多植物种类不应杂乱无序地堆砌,要注意植物材料的和谐与统一。种类不宜太多,又要避免单调,力求以植物材料形成特色,使统一中有变化。各组团、各类绿地在统一基调的基础上,各有特色树种。

3. 光大传统园林艺术

我国古代非常注意植物与建筑的调和与烘托。如充分利用门的造型,以门为框,通过植物配置,与路、石等进行精细的艺术构图,不但可以入画,而且可以扩大视野,延伸视线。

参考文献

[1]曹文达.新编建筑工程材料手册[M].北京:中国电力出版社,2005.

[2]陈志远,刘志荣.中国酸雨研究[M].北京:中国环境科学出版社,1997.

[3]房志勇.建筑节能技术教程[M].北京:中国建材工业出版社,1997.

[4]冯乃谦.新实用混凝土大全[M].北京:科学技术出版社,2005.

[5]韩继红.上海生态建筑示范工程·生态办公示范楼[M].北京:中国建筑工业出版社,2005.

[6]何天祺.供暖通风与空气调节[M].重庆:重庆大学出版社,2002.

[7]蒋文举,宁平.大气污染控制工程[M].成都:四川大学出版社,2001.

[8]蒋展鹏.环境工程学[M].北京:高等教育出版社,1992.

[9]雷科德.酸雨手册[M].北京:原子能出版社,1986.

[10]李百战.绿色建筑概论[M].北京:化学工业出版社,2007.

[11]李东华.高技术生态建筑[M].深圳:新世纪出版社,2002.

[12]李继业,侯作存,鞠达青.城市道路绿化规划与设计手册[M].北京:化学工业出版社,2014.

[13]李继业,张峰.城市道路设计与实例[M].北京:化学工业出版社,2011.

[14]林宪德.绿色建筑[M].2版.北京:中国建筑工业出版社,2011.

[15]林肇信.大气污染控制工程[M].北京:高等教育出版社,1991.

[16]绿色奥运建筑研究课题组.绿色奥运建筑评估体系[M].北京:中国建筑工业出版社,2003.

[17]毛龙生,王春晓,刘广.人工地面植物造景·垂直绿化[M].南京:东南大学出版社,2002.

[18]齐康,杨维菊.绿色建筑设计与技术[M].南京:东南大学出版社,2011.

[19]孙力扬,周静敏.景观与建筑:融于风景和水景中的建筑[M].北京:中国建筑工业出版社,2004.

[20]涂平涛.建筑轻质板材[M].北京:中国建材工业出版社,2005.

[21]王继明.建筑设备[M].北京:中国建筑工业出版社,1997.

[22]王建国.城市设计[M].南京:东南大学出版社,2004.

[23]王立红.绿色住宅概论[M].北京:中国环境科学出版社,2003.

[24]王培铭.绿色建材的研究与应用[M].北京:中国建材工业出版社,2004.

[25]王其钧.城市景观设计[M].北京:机械工业出版社,2011.

[26]王其钧.城市设计[M].北京:机械工业出版社,2008.

[27]王向荣,林箐.西方现代景观设计的理论与实践[M].北京:中国建筑工业出版社,2005.

[28]吴珏.景观项目设计[M].北京:中国建筑工业出版社,2006.

[29]吴良镛.人居环境科学导论[M].北京:中国建筑工业出版社,2002.

[30]吴义伟.城市生活垃圾资源化[M].北京:科学出版社,2003.

[31]西安建筑科技大学绿色建筑研究中心.绿色建筑[M].北京:中国计划出版社,1999.

[32]夏云,夏葵,施燕.生态与可持续建筑[M].北京:中国建筑工业出版社,2001.

[33]许浩.城市景观规划设计理论与技法[M].北京:中国建筑工业出版社,2006.

[34]薛健.绿化空间与景观建筑[M].青岛:山东科学技术出版社,2006.

[35]杨潇雨,王占柱.室外环境景观设计[M].上海:上海人民美术出版社,2011.

[36]张光华,赵殿五.酸雨[M].北京:中国环境科学出版社,1989.

[37]张玉祥.绿色建材产品手册[M].北京:化学工业出版社,2002.

[38]张越.城市生活垃圾减量化管理经济学[M].北京:化学工业出版社,2004.

[39]郑连勇.城市环境卫生设施规划指南[M].北京:中国建筑工业出版社,2004.

[40]中国建筑材料科学研究院.绿色建材与建材绿色化[M].北京:化学工业出版社,2003.

[41]周浩明,张晓东.生态建筑:面向未来的建筑[M].南京:东南大学出版社,2002.

[42]朱盈豹.保温材料在建筑墙体节能中的应用[M].北京:中国建材工业出

版社,2003.

[43]朱颖心.建筑环境学[M].北京:中国建筑工业出版社,2005.

[44]庄涛声.建筑的节能[M].上海:同济大学出版社,1990.

[45]宗敏.绿色建筑设计原理[M].北京:中国建筑工业出版社,2010.